绿色建筑设计
与技术应用研究

李 珂 吕晓晨◎著

山西出版传媒集团

三晋出版社

图书在版编目（CIP）数据

绿色建筑设计与技术应用研究 / 李珂，吕晓晨著.
太原 ： 三晋出版社，2025. 1. -- ISBN 978-7-5457
-3006-7

Ⅰ. TU201.5

中国国家版本馆CIP数据核字第202508CT06号

绿色建筑设计与技术应用研究

著　 　者：	李　珂　吕晓晨
责任编辑：	张　路

出 版 者：	山西出版传媒集团·三晋出版社
地　 　址：	太原市建设南路21号
电　 　话：	0351-4956036（总编室）
	0351-4922203（印制部）
网　 　址：	http://www.sjcbs.cn

经 销 者：	新华书店
承 印 者：	三河市恒彩印务有限公司

开　 　本：	720mm×1020mm　1/16
印　 　张：	10.75
字　 　数：	155千字
版　 　次：	2025年4月第1版
印　 　次：	2025年7月第1次印刷
书　 　号：	ISBN 978-7-5457-3006-7
定　 　价：	62.00元

如有印装质量问题，请与本社发行部联系　电话：0351-4922268

前　言

　　随着全球经济的发展,伴随而来的是能源与资源的肆意浪费、有害污染物的大量排放,使得我们赖以生存的环境遭到严重破坏,生态环境和能源、资源利用出现了严重的问题。特别是接踵而来的自然灾害以及由能源紧缺引发的一系列问题已在全球显现,并愈演愈烈。在这种背景下,如何促进资源和能源的有效利用,减少污染,保护资源和生态环境,是我们面临的关键问题。

　　在此基础上,绿色建筑设计应运而生,为建筑行业带来了新的生机与活力,使建筑设计更加合理,并大幅降低了建筑对环境的破坏。对建筑业而言,将可持续发展的理念融合到建筑全寿命周期过程中,发展绿色建筑和节能建筑等已受到了全世界的关注,也成为我国今后建筑业发展的必然趋势。

　　绿色建筑设计的理念主要体现在三方面:一是节约环保理念,具体是指在对建筑物进行使用和构建的过程中,应尽量降低污染,对生态和环境予以保护,并使资源最大程度节约下来。这样可以进一步减轻环境的负荷,保护地球资源,提高生态的再造能力,这是绿色建筑设计的基本理念。二是健康舒适的理念,指我们使用和构建建筑物时应是积极打造舒适和健康的工作环境和生活环境,为人们提供高效、实用和健康的场地和空间,使有限的空间发挥最大的作用,为人们创造更大的价值。三是自然和谐的理念,要求人们在对建筑物进行构建和使用的过程中,能够对自然生态环境倍加呵护,关爱自然、亲近自然,让自然与建筑和谐共生,使环境效益、社会效益和经济效益协调和兼顾,实现生态环境、人类社会和国民经济的可持续发展。

以此,绿色建筑为我国的建筑业转变发展方式开辟了一条重要途径,这既符合国家的经济政策与产业导向,也是建筑业落实绿水青山就是金山银山的重要举措,是建设生态文明和美丽中国的必然要求。

目　　录

第一章　绿色建筑概论

第一节　绿色建筑的概念

"绿色建筑"在日本被称为"环境共生建筑",在一些欧美国家被称为"生态建筑""可持续建筑"。"绿色建筑"的"绿色",并非一般意义上的立体绿化、屋顶花园或建筑花园的概念,而是一种节能、生态的概念或象征,是指建筑对环境无害,能充分利用自然环境的资源,并且在不破坏环境基本生态平衡条件下建造的一种建筑。因此,绿色建筑也被很多学者称为"低碳建筑""节能环保建筑"等,其本质都是关注建筑的建造和使用及对资源的消耗和对环境造成的影响最低,同时也强调为使用者提供健康舒适的建成环境。

由于各国经济发展水平、地理位置和人均资源等条件不同,在国际范围内对于绿色建筑的定义和内涵的理解也就不尽相同,存在一定的差异。

一、绿色建筑的概念

(一)绿色建筑的几个相关概念

1.生态建筑。生态建筑理念源于从生态学的观点看可持续发展性,问题集中在生态系统中的物理组成部分和生物组成部分相互作用的稳定性上。

生态建筑受生态生物链、生态共生思想的影响,对过分人工化、设备化的环境提出质疑,生态建筑强调使用当地自然建材,尽量不使用电化设备,而多采用太阳能热水、雨水回收利用、人工污水处理等方式。生态建筑的目标主要体现在:生态建筑提供有益健康的建成环境,并为使用者提供高质量的生活环境;减少建筑的能源与资源消耗,保护环境,尊重自然,成为自然生态的一个因子。

2.可持续建筑。可持续建筑是由查尔斯·凯博特博士在1993年提出的,旨在说明在达到可持续发展的过程中建筑业的责任,指以可持续发展观规划的建筑,内容包括建筑材料、建筑物、城市区域规模大小等,以及与这些有关的社会文化和生态因素。可持续发展是一种从生态系统环境和自然资源角度提出的关于人类长期发展的战略和模式。

《可持续发展设计指导原则》一书列出了可持续建筑的设计细则,并提出了可持续建筑的六个特征:第一,重视设计地段的地方性、地域性,延续地方场所的文化脉络。第二,增强运用技术的公众意识,结合建筑功能的要求,采用简单合适的技术。第三,树立建筑材料循环使用的意识,在最大范围内使用可再生的地方性建筑材料,避免使用破坏环境、产生废物及带有放射性的材料,争取重新利用旧的建筑材料及构件。第四,针对当地的气候条件,采用被动式能源策略,尽量利用可再生能源。第五,完善建筑空间的使用灵活性,减少建筑体量,将建设所需资源降至最少。第六,减少建造过程中对环境的损害,避免破坏环境、资源浪费以及建材浪费。

3.绿色建筑和节能建筑。绿色建筑和节能建筑两者有本质区别,二者从内容、形式到评价指标均不一样。具体来说,节能建筑符合建筑节能设计标准这一单项要求即可,节能建筑执行节能标准是强制性的,如果违反则面对相应的处罚。绿色建筑涉及六大方面,涵盖节能、节地、节水、节材、室内环境和物业管理。绿色建筑目前在国内是引导性质,鼓励开发商和业主在达到节能标准的前提下做诸如室内环境改善、中水回收等项目。

(二)国外学者对"绿色建筑"概念的理解和定义

克劳斯·丹尼尔斯(Klaus Daniels)在《生态建筑技术》中提出:"绿色建筑是通过有效地管理自然资源,创造对于环境友善的、节约能源的建筑。它使得主动和被动地利用太阳能成为必需,并在生产、应用和处理材料等过程中尽可能减少对自然资源(如水、空气等)的危害。"此定义简洁概要,并具有一定的代表性。

埃默里·罗文斯(Amory Lovins)在《东西方观念的融合:可持续发展建筑的整体设计》中提出:绿色建筑不仅仅关注的是物质上的创造,而且还包括经济、文化交流和精神上的创造;绿色设计不仅包括防止热能的损失、自然采光通风等因素,它已延伸到寻求整个自然和人类社区和谐的许多方面。

詹姆斯·瓦恩斯(James Wines)在《绿色建筑学》一书中回顾了20世纪初以来亲近自然环境的建筑发展,以及近年来对绿色建筑概念的探索,总结了包含景观与生态建筑的绿色环境建筑设计在当代发展中的一般类型,更广泛地说明了绿色建造业与生活环境创造应遵循的基本原则。

英国建筑设备研究与信息协会(BSRIA)指出,一个有利于人们健康的绿色建筑,其建造和管理应基于高效的资源利用和生态效益原则。所谓"绿色建筑",不是简单意义上进行了充分绿化的建筑,或其他采用了某种单项生态技术的建筑,而是一种深刻、平衡、协调的关于建筑设计、建造和运营的理念。

(三)我国对"绿色建筑"的定义

《绿色建筑评价标准》对绿色建筑的定义是:在全寿命周期内,最大限度地节约资源(节能、节地、节水、节材)、保护环境、减少污染,为人们提供健康、舒适和高效的使用空间,以及与自然和谐共生的建筑。绿色建筑的定义体现了其突出的优势。

1.绿色建筑的"全寿命周期"概念。工程项目的全寿命周期管理是建筑物的前期决策、勘察设计、施工、使用维修乃至拆除各个阶段的管理相互关联而又相互制约,构成的一个全寿命管理系统,为保证和延长建筑物的实际使用年限,必须根据其全寿命周期来制定质量安全管理制度。20世纪70年代美国的一份环境污染法规中,也提出产品的整个生命周期内优先考虑产品的环境属性,同时保证产品应有的基本性能、使用寿命和质量设计。绿色建筑的"全寿命周期",即指建筑从最初的规划设计到随后施工建设、运营管理及最终的拆除,形成的一个全寿命周期。

与传统建筑设计相比,绿色建筑设计有两个基本特点:一是在保证建筑物的性能、质量、寿命、成本要求的同时,优先考虑建筑物的环境属性,从根本上防止污染,节约资源和能源。二是设计时所考虑的时间跨度大,涉及建筑物的整个生命周期。关注建筑的全寿命周期,意味着不仅在规划设计阶段充分考虑并利用环境因素,而且确保在施工过程中对环境的影响降到最低,运营管理阶段能为人们提供健康、舒适、低耗、无害空间,拆除后又能将对环境的危害降到最低,并使拆除的材料尽可能地再循环利用。

2.我国的绿色建筑的评价标准及指标体系。《绿色建筑评价标准》中,绿色建筑指标体系包括节地与室外环境、节能与能源利用、节水与水资源利用、节材与材料资源利用、室内环境质量、施工管理和运营管理共七类指标。这七类指标涵盖了绿色建筑的基本要素,包含了建筑物全寿命周期内的规划设计、施工、运营管理及回收各阶段的评定指标的子系统。每个指标下有若干项,并且满足一定的项数即可由高到低被评为三星级、二星级和一星级绿色建筑。

二、绿色建筑设计的核心

绿色建筑设计的核心内涵:第一,绿色建筑是以人、建筑和自然环境的协调发展为目标,利用自然条件和人工手段创造良好、健康的居住环境,并遵循可持续发展原则。第二,绿色建筑强调在规划、设计时充分考虑利用自然资源,尽量减少能源和资源的消耗,不破坏环境的基本生态平衡,充分体现向大自然的索取和回报之间的平衡。第三,绿色建筑的室内布局应合理,尽量减少使用合成材料,充分利用自然阳光,节省能源,为居住者创造一种接近自然的感觉。第四,绿色建筑是在生态和资源方面有回收利用价值的一种建筑形式,推崇的是一套科学的整合设计和技术应用手法。

总之,没有一幢建筑物能够在所有的方面都符合绿色建筑的要求,但是,只要建筑设计能够反映建筑物所处的独特气候情况和所肩负的功能,同时又能尽量减少资源消耗和对环境的破坏的话,便可称为绿色建筑。

三、绿色建筑的设计要素

绿色建筑的设计要素主要包括室内外环境与健康舒适性、安全可靠性与耐久适用性、节约环保性与自然和谐性、低耗高效性与文明性以及综合整体创新设计。

（一）室内外环境与健康舒适性

1.绿色建筑室内外环境的设计。室内外环境设计是建筑设计的深化，是绿色建筑设计中的重要组成部分。随着社会的进步和人民生活水平的提高，建筑室内外环境设计在人们的生活中越来越重要。在现代社会，人类已不再只简单地满足于物质功能的需要，而是更多地追寻精神上的满足。因此，绿色建筑室内外环境必须围绕着人们更高的需求来进行设计，包括物质需求和精神需求。

具体而言，绿色建筑的室内外环境设计要素主要包括对建造材料的控制、对室内有害物质的控制、对室内热环境的控制、对建筑室内隔声的设计、对室内采光与照明的设计、对室外绿地的设计。

（1）对建造材料的控制：绿色建筑提倡使用可再生和可循环的天然材料，同时尽量减少含甲醛、苯、重金属等有害物质的材料的使用。与人造材料相比，天然材料含有较少的有毒物质，并且更加节能。只有当大量使用无污染节能的环保材料时，绿色建筑才具有可持续性。此外，绿色建筑还应该提高对高性能材料的使用量，这样绿色建筑可以进行垃圾分类收集、分类处理，以及有机物的生物处理，尽可能减少建筑废弃物的产生和空气污染物的排放，实现资源的可持续利用。[①]

（2）对室内有害物质的控制：现代人平均有60%—80%的时间生活和工作在室内，室内空气质量的好坏直接影响着人们的生活质量和身体健康。当前，与室内空气污染有直接关系的疾病，已经成为社会普遍关注的热点，也成为绿色建筑设计考虑的重点。认识和分析常见的室内污染物，采取有效措施对有害物质进行控制，防患于未然，对于提高人类生活质量有着重要的意义。其中，甲醛、氨气、苯和放射性物质等，是目前室内环境污染物的主要来源，是对室内污染物进行控制的重点。为此，在设计绿色建筑时，要控制污染源，尽量使用国家认证的环保型材料，提倡合理进行自然通风。这样不仅可以节省更多的能源，而且有利于室内空气品质的提高。此外，绿色建筑在建成后必须通过环保验收，有条件的建筑可以设置污染监控系统，以确

---

①王娟.绿色建筑材料在建筑工程中的应用[J].造纸装备及材料,2023,52(12):85—87.

保建筑物内的空气质量达到人体所需要的健康标准。

（3）对室内热环境的控制：在设计绿色建筑时，必须注意空气温度、湿度、气流速度以及环境热辐射对建筑物室内的影响。可以使用专门的仪器来监控绿色建筑的室内热环境。

（4）对建筑室内隔声的设计：绿色建筑室内隔声的设计内容主要包括选定合适的隔声量、采取合理的布局、采用隔声结构和材料、采取有效的隔振措施。

第一，选定合适的隔声量。对于音乐厅、录音室、测听室等特殊建筑，可以按其内部允许的噪声级和外部噪声级的大小来确定所需构件的隔声量。对于普通住宅、办公室、学校等建筑，受材料、资金和使用条件等因素的限制，选取围护结构时就要综合各种因素来确定隔声量的最佳数值，通常可用居住建筑隔声标准所规定的隔声量。

第二，采取合理的布局。在设计绿色建筑的隔声时，最好不用特殊的隔声构造，而是利用一般的构件和合理布局来满足隔声要求。例如，在设计绿色住宅时，厨房、厕所的位置要远离邻户的卧室、起居室。在设计剧院、音乐厅时，可用休息厅、门厅等形成声锁来满足隔声的要求。此外，为了降低隔声设计的复杂性和投资额，绿色建筑应该尽可能将噪声源集中起来，使之远离需要安静的房间。

第三，采用隔声结构和材料。某些需要特别安静的房间，如录音棚、广播室、声学实验室等，可以采用双层围护结构或其他特殊构造，以保证室内的安静。在普通建筑物内，若采用轻质构件，只有设计成双层构造，才能满足隔声要求。对于楼板撞击声，可以采用弹性材料或阻尼材料来做面层或垫层，或在楼板下增设分离式吊顶，以减少噪声干扰。

第四，采取有效的隔振措施。如果绿色建筑内有电机等设备，除了利用周围墙板隔声之外，还必须在其基础和管道与建筑物的联结处安装隔振装置。

（5）对室内采光与照明的设计：就人的视觉来说，没有光也就没有一切。在室内设计中，光不仅能满足人们的视觉需要，而且是一个重要的美学因素。光可以形成空间、改变空间或者破坏空间，直接影响到人对物体大小、形状、质地和色彩的感知。研究证明,光还会影响细胞的再生长、激素的产生、腺体的分泌以及体温、身体的活动和食物的消耗等生理节奏。因此,室内照明是建筑室内设计的重要组成部分之一,在设计之初就应该加以考虑。

室内采光主要有自然光源和人工光源两种。出于节能减排的考虑,绿色建筑应最大限度地利用自然光源,并辅以人工光源。但是,自然采光存在一个重大缺陷,即不稳定,难以达到所要求的室内照度均匀度。对此,可以在绿色建筑的高窗位置采用反光板、折光棱镜等,从而将更多的自然光线引入室内,改善室内自然采光形成照度的均匀性和稳定性。

(6)对室外绿地的设计:要想合理有效地促进城市室外绿地建设,改善城市环境的生态和景观,保证城市绿地符合适用、经济、安全、健康、环保、美观、防护等基本要求,确保绿色建筑室外绿地设计质量,需要贯彻人与自然和谐共存、可持续发展、经济合理等基本原则,创造良好的生态和景观效果,协调并促进人的身心健康。

2.绿色建筑健康舒适性的设计。发达国家的经验表明,真正的绿色建筑不仅能提供舒适而又安全的室内环境,还要具有与自然环境相和谐的良好的建筑外部环境。在进行绿色建筑规划、设计和施工时,不仅要考虑当地气候、建筑形态、设施状况、营建过程、建筑材料、使用管理等对建筑外部环境的影响,以及是否具有舒适、健康的内部环境,还要考虑投资人、用户以及设计、安装、运行、维修人员之间的利害关系。

(1)注重利用大环境资源:在绿色建筑的规划设计中,合理利用大环境资源和充分节约能源,是可持续发展战略的重要组成部分,是当代中国建筑和世界建筑的发展方向。真正的绿色建筑要想实现资源的循环,应改变单向的灭失性的资源利用方式,尽量加以回收利用;要想实现资源的优化合理配置,应依靠梯度消费,减少空置资源,抑制过度消费,做到物有所值、物尽其用。

(2)具有完善的生活配套设施:住宅区配套公共服务设施是满足居民基本的物质和精神生活所需的设施,也是保证居民生活品质的重要组成部分。根据《城市居住区规划设计标准》的规定,居住区按照居民在合理的步行距离内满足基本生活需求的原则,可分为十五分钟生活圈居住区、十分钟生活圈居住区、五分钟生活圈居住区及居住街坊四级,其分级控制规模应符合下表1-1的规定。

表1-1 居住区分级控制规模

距离与规模	十五分钟生活圈居住区	十分钟生活圈居住区	五分钟生活圈居住区	居住街坊
步行距离(m)	800—1000	500	300	—
居住人口(人)	50000—100000	15000—25000	5000—12000	1000—3000
住宅数量(套)	17000—32000	5000—8000	1500—4000	300—1000

在规划设计绿色建筑时,配套设施应遵循配套建设、方便使用、统筹开放、兼顾发展的原则进行配置,其布局应遵循集中和分散兼顾、独立和混合使用并重的原则,并应符合下列规定:①十五分钟和十分钟生活圈居住区配套设施,应依照其服务半径相对居中布局;②十五分钟生活圈居住区配套设施中,文化活动中心、社区服务中心(街道级)、街道办事处等服务设施宜联合建设并形成街道综合服务中心,其用地面积不宜小于1公顷;③五分钟生活圈居住区配套设施中,社区服务站、文化活动站(含青少年、老年活动站)、老年人日间照料中心(托老所)、社区卫生服务站、社区商业网点等服务设施,宜集中布局、联合建设,并形成社区综合服务中心,其用地面积不宜小于0.3公顷;④旧区改建项目应根据所在居住区各级配套设施的承载能力合理确定居住人口规模与住宅建筑容量。当不匹配时,应增补相应的配套设施或对应控制住宅建筑增量。

(3)具有多样化的住宅户型:由于信息技术的飞速发展,网络兴起,改变了人们的生活观念,人们的生活方式日趋多样化,对于户型的要求也变得越来越多样化,因而对于户型多样化设计的研究也就越发显得急迫。

(4)建筑功能的多样化:建筑功能是指建筑在物质方面和精神方面的具体使用要求,也是人们设计和建造建筑想要达到的目的。不同的功能要求产生了不同的建筑类型,如工厂为了生产,住宅为了居住、生活和休息,学校为了学习,影剧院为了文化娱乐,商店为了商品交易等。

这里以绿色住宅为例,介绍建筑功能的多样化。具体而言,绿色住宅的分区及其建筑功能如下:①公共活动区,具有客厅、餐厅、门厅等建筑功能;

②私密休息区,具有卧室、书房、保姆房等建筑功能;③辅助区,具有厨房、卫生间、储藏室、健身房、阳台等建筑功能。

(5)建筑室内空间的可改性:住宅方式、公共建筑规模、家庭人员和结构是不断变化的,生活水平和科学技术也在不断提高,因此,绿色建筑具有可改性是客观需要,也符合可持续发展的原则。可改性首先需要有大空间的结构体系来保证,如大柱网的框架结构和板柱结构、大开间的剪力墙结构。其次,应有可拆装的分隔体和可灵活布置的设备与管线。

由于结构体系常受施工技术与装备的制约,需要因地制宜来选择,一般可以选用结构不太复杂,又可以适当分隔的结构体系,如轻质分隔墙。虽然轻质分隔墙已有较多产品,但要实现用户自己既易拆卸又能安装,还需要进一步研究其组合的节点构造,限于篇幅原因,这里不再介绍。

(二)安全可靠性与耐久适用性

1.绿色建筑安全可靠性的设计。安全性和可靠性是绿色建筑最基本的特征,其实质是以人为本,对人的安全和健康负责。安全性是指建筑工程完成后在使用过程中保证结构安全、保证人身和环境免受危害的程度;可靠性是指建筑工程在规定的时间和规定的条件下完成规定功能的能力。绿色建筑安全可靠性的设计主要包括确保选址安全的设计措施、确保建筑安全的设计措施等要素。

(1)确保选址安全的设计措施:设计绿色建筑时,要在符合国家相关安全规定的基础上,对绿色建筑的选址和危险源的避让提出要求。首先,绿色建筑必须考虑基地现状,最好仔细调查其历史上相当长一段时间的情况,有无发生过地质灾害。其次,经过实地勘测地质条件,准确评价适合的建筑高度。

(2)确保建筑安全的设计措施。

第一,建筑设计必须与结构设计相结合。绿色建筑的建筑设计与结构设计是整个建筑设计过程中两个最重要的环节,对整个建筑物的外观效果、结构稳定性等起着至关重要的作用。但是,在实际设计中,少数建筑设计师把结构设计摆在从属地位,并要求结构必须服从建筑外观,以建筑外观为主。虽然许多建筑设计师强调创作的美观、新颖、标新立异,强调创作的最大自由度,但是有些创新的建筑方案在结构上很不合理,甚至根本无法实现,这无疑给建筑结构的安全带来了隐患。

第二,合理确定绿色建筑的设计安全度。结构设计安全度的高低是国家经济和资源状况、社会财富积累程度以及设计施工技术水平与材料质量水准的综合反映。具体来说,选择绿色建筑设计安全度要处理好与工程直接造价、维修费用以及投资风险(包括生命及财产损失)之间的关系。显然,提高绿色建筑的设计安全度,绿色建筑的直接造价将有所提高,维修费用将减少,投资风险也将减少。如果降低绿色建筑的造价,则维修费用和投资风险都将提高。因此,确定绿色建筑的设计安全度就是在结构造价(包括维修费用在内)与结构风险之间权衡得失,寻求较优的选择。

总的来说,绿色建筑设计安全度的选择,不仅涉及生命财产的安全,而且有时会产生严重的社会影响,对于某些结构来说,还会涉及国家的经济基础和技术经济政策。

第三,绿色建筑消防设施的设计。建筑消防设计是建筑设计中一个重要的组成部分,关系到人民生命财产安全,应该引起全社会的足够重视。下面根据《建筑设计防火规范》简单介绍绿色建筑消防设施的一般规定:①消防给水和消防设施的设置应根据建筑的用途及其重要性、火灾危险性、火灾特性和环境条件等因素综合确定;②城镇(包括居住区、商业区、开发区、工业区等)应沿可通行消防车的街道设置市政消火栓系统。民用建筑、厂房、仓库、储罐(区)和堆场周围应设置室外消火栓系统。需要注意的是,耐火等级不低于二级且建筑体积不大于3000立方米的戊类厂房,居住区人数不超过500人且建筑层数不超过两层的居住区,可不设置室外消火栓系统;③自动喷水灭火系统、水喷雾灭火系统、泡沫灭火系统和固定消防炮灭火系统等,以及超过5层的公共建筑、超过4层的厂房或仓库、其他高层建筑、超过2层或建筑面积大于10000平方米的地下建筑(室)的室内消火栓给水系统都应设置消防水泵接合器;④甲、乙、丙类液体储罐(区)内的储罐应设置移动水枪或固定水冷却设施。高度大于15米或单罐容积大于2000立方米的甲、乙、丙类液体地上储罐,宜采用固定水冷却设施;⑤总容积大于50立方米或单罐容积大于20立方米的液化石油气储罐(区)应设置固定水冷却设施,埋地的液化石油气储罐可不设置固定喷水冷却装置。总容积不大于50立方米或单罐容积不大于20立方米的液化石油气储罐（区），应设置移动式水枪；⑥消防水泵房的设置应符合以下规定，单独建造的消防水泵房，其耐火等级不应低于二级。附设在建筑内的消防水泵房，不应设置在地下三层及以下或室内地面与室外出入口地坪高差大于10米的地下楼层。疏散门应直通室外或安全出口；⑦设有火灾自动报警系统和需要联动控制的消防设备的建筑（群）应设置消防控制室。消防控制室的设置应符合以下规定，单独建造的消防控制室，其耐火等级不应低于二级。附设在建筑内的消防控制室，宜设置在建筑内首层或地下一层，并宜布置在靠外墙部位。不应设置在电磁场干扰较强及其他可能影响消防控制设备正常工作的房间附近。疏散门应直通室外或安全出口。消防控制室内的设备构成及其对建筑消防设施的控制与显示功能以及向远程监控系统传输相关信息的功能，应符合《火灾自动报警系统设计规范》和《消防控制室通用技术要求》的规定；⑧消防水泵房和消防控制室应采取防水淹的技术措施；⑨设置在建筑内的防排烟风机应设置在不同的专用机房内；⑩高层住宅建筑的公共部位和公共建筑内应设置灭火器，其他住宅建筑的公共部位宜设置灭火器。厂房、仓库、储罐（区）和堆场，应设置灭火器；⑪建筑外墙设置有玻璃幕墙或采用火灾时可能脱落的墙体装饰材料或构造时，供灭火救援用的水泵接合器、室外消火栓等室外消防设施，应设置在距离建筑外墙相对安全的位置或采取安全防护措施；⑫设置在建筑室内外供人员操作或使用的消防设施，均应设置区别于环境的明显标志；⑬有关消防系统及设施的设计，应符合《消防给水及消火栓系统技术规范》《自动喷水灭火系统设计规范》《火灾自动报警系统设计规范》等标准的规定。

2.绿色建筑耐久适用性的设计。耐久适用性是对绿色建筑工程最基本的要求之一。耐久性是材料抵抗自身和自然环境双重因素长期破坏作用的能力。绿色建筑的耐久性是指在正常运行维护和不需要进行大修的条件下，绿色建筑的使用寿命满足一定的设计使用年限要求，并且不发生严重的风化、老化、衰减、失真、腐蚀和锈蚀。适用性是指结构在正常使用条件下能满足预定使用功能要求的能力。绿色建筑的适用性是指在正常运行维护和不需要进行大修的条件下,绿色建筑的功能和工作性能满足建造时的设计年限的使用要求等。

(1)建筑材料的可循环使用设计:现代建筑是能源及材料消耗的重要组成部分,随着地球环境的日益恶化和资源日益减少,保持建筑材料的可持续发展,提高建筑资源的综合利用率已成为社会普遍关注的课题。欧美发达国家对建筑材料资源的保护与可循环利用问题研究较早,已开展了大量的研究与广泛的实践,如传统建筑材料的可循环利用、一般废弃物在建筑中的可循环利用、新型可循环建筑材料的应用等,且大多数由政府主导,以"自上而下"的方式形成对建筑资源保护比较一致的社会认同。目前,我国对建筑材料资源可循环利用的研究取得了突破性成果,但仍存在技术及社会认同等方面的不足,与发达国家相比在该领域还存在差距。

环境质量的急剧恶化和不可再生资源的迅速减少,对人类的生存与发展构成了严重的威胁,可持续发展的思想和材料资源循环利用在这样的大背景下应运而生。近年来我国城市建设繁荣的背后暗藏着巨大的浪费,同时存在着材料资源短缺、循环利用率低的问题,因此,加强建筑材料的循环利用成为当务之急。特别是对传统的、量大面广的建筑材料,应强调进行可持续发展化的替代和改造,如加强二次资源综合利用、提高材料的循环利用率等。

(2)充分利用尚可使用的旧建筑:充分利用尚可使用的旧建筑,有利于物尽其用、节约资源。尚可使用的旧建筑是指建筑质量能保证使用安全的旧建筑,或通过少量改造加固后能保证使用安全的旧建筑。对于旧建筑的利用,可以根据规划要求保留或改变其原有使用性质,并纳入规划建设项目。实践证明,充分利用尚可使用的旧建筑,不仅是节约建筑用地的重要措施之一,还能有效防止大拆乱建。

(3)绿色建筑的适应性设计:绿色建筑在设计之初、使用过程中要适应人们陆续提出的使用需求。具体而言,保证绿色建筑的适应性,要做到以下两个方面:一是保证建筑的使用功能并不与建筑形式形成不可拆分的联系,不会因为丧失建筑原功能而使建筑被废弃。二是不断运用新技术、新能源改造建筑,使之能不断地满足人们生活的新需求。

（三）节约环保性与自然和谐性

1.绿色建筑节约环保性的设计。国家提出了坚持节约资源和保护环境的基本国策,这充分体现了我国对节约资源和保护生态环境的认识已升华到新的高度,并赋予了其新的思想内涵。近年来的实践证明,节约环保是绿色建筑设计必不可少的要素之一。下面从建筑用地、建筑节能、建筑用水、建筑材料四个方面出发,研究绿色建筑节约环保性的设计。

（1）建筑用地节约设计:土地是关系国计民生的重要战略资源,耕地是广大农民赖以生存的基础。我国虽然土地资源总量丰富,但人均土地资源较少,随着经济的发展和人口的增加,人均土地资源缺少的形势将越来越严峻。城市住宅建设不可避免地会占用大量土地,使得土地问题成为城市发展的制约因素。如何在城市建设设计中贯彻节约用地理念,采取什么样的措施来实现节约用地,是摆在每个城市建设设计者面前的关键性问题。然而,这一问题在实际设计中经常被忽略或重视程度不够。

要想坚持城市建设的可持续发展,就必须加强对城市建设项目用地的科学管理,在项目的前期工作中采取各种有效措施对城市建设用地进行合理控制,这样不仅有利于城市建设的全面发展,加快城市化建设步伐,而且具有实现全社会协调、可持续发展的深远意义。

（2）建筑节能设计:首先,就减少建筑本身能量的散失而言,绿色建筑首先要采用高效、经济的保温材料和先进的构造技术,以有效提高建筑围护结构的整体保温、密闭性能。其次,为了保证良好的室内卫生条件,绿色建筑既要有较好的通风,又要设计配备能量回收系统。下面主要从外窗、遮阳系统、外围护墙及节能新风系统四个方面介绍绿色建筑节能体系的设计。

第一,外窗节能设计。绿色建筑可以将窗户设计为一种得热构件,利用太阳能改善室内热舒适,从而达到节能的效果。这样一来,具有外窗节能设计的绿色建筑在冬季就可以通过采光将太阳发出的大量光能引入室内,不仅能使室内具有充足的光线,还能提高室内的温度,为用户提供舒适、健康的室内环境,提高用户的生活质量。

第二,遮阳系统设计。遮阳系统从古至今一直是建筑物的重要组成部分,特别是在21世纪,玻璃幕墙成为主流建筑的亮丽外衣。由于玻璃表面换热性强,热透射率高,对室内热条件有极大的影响,遮阳特别是外遮阳所起到的节能作用就显得越来越突出。建筑遮阳与建筑所在地理位置的气候和日照状况密不可分,日照变化和日温差变化的存在,使建筑室内在午间需要遮阳,而早晚需要接受阳光照射。

在所有的被动式节能措施中,建筑遮阳也许是最为立竿见影的方法。传统的建筑遮阳节构一般都安装在侧窗、屋顶天窗、中庭玻璃顶,类型有平板式遮阳板、布幔、格栅、绿化植被等。随着建筑的发展以及幕墙产品的更新换代,外遮阳系统也在功能和外观上不断创新,从形式上可以分为水平式遮阳、垂直式遮阳、综合式遮阳和挡板式遮阳四类。

第三,外围护墙设计。建筑外围护墙是绿色建筑的重要组成部分之一,它不仅对建筑有支撑和围护的作用,还发挥着隔绝外界冷热空气、保证室内气温稳定的作用。因此,建筑外围护墙对于建筑的节能发挥着重要的作用。随着科技的发展,绿色建筑越来越多地深入社会生活的各个方面,从建筑设计本身考虑,建筑形态、建筑方位、空间的设计,建筑外表面材料的种类、材料构造、材料色彩等,是目前绿色建筑设计研究的主要内容。其中,建筑外围护结构保温和隔热设计是节能设计的重点,也是节能设计中最有效的、最适合我国普遍采用的方法。

第四,节能新风系统。在绿色建筑中,外窗具有良好的呼吸与隔热作用,外围护结构具有良好的密封性和保温性,因此人为设计室内新风和污浊空气的走向成为衡量建筑舒适性必须考虑的问题。目前,比较流行的下送上排式的节能新风系统能较好地解决这个问题。新风系统是根据在密闭的室内一侧用专用设备向室内送新风,再从另一侧由专用设备向室外排出,在室内会形成"新风流动场",从而满足室内新风换气的需要。

新风系统由风机、进风口、排风口及各种管道和接头组成。安装在吊顶内的风机通过管道与一系列的排风口相连。风机启动后,室内形成负压,室内受污染的空气经排风口及风机排往室外,同时室外新鲜空气经安装在窗框上方(窗框与墙体之间)的进风口进入室内,从而使室内人员可呼吸到高品质的新鲜空气。

(3)建筑用水节约设计:雨水利用是城市水资源利用中重要的节水措

施,具有保护城市生态环境和提高社会经济效益等多方面的意义。绿色建筑应充分利用生活水,如净水器产生的废水可以经由管路到洗手间,要么用来拖地,要么用来冲厕所。

(4)建筑材料节约设计:有关资料显示,每年我国生产的多种建筑材料不仅要消耗大量能源和资源,还要排放大量二氧化硫和二氧化碳等有害气体和各类粉尘。目前,在我国多数城市建设中,建筑垃圾处理问题、资源循环利用问题、资源短缺问题、大拆大建问题等非常严重,建筑使用寿命低的问题也十分突出。对此,比较成功的节约建材的经验是合理采用地方性建筑材料、应用新型可循环建筑材料、实现废弃材料的再生利用等。

2.绿色建筑自然和谐性的设计。近年来,绿色建筑由于节能减排、可持续发展、与自然和谐共生的卓越特性,得到了各国政府的大力推广,因此诞生了很多经典的建筑作品,其中很多都已成为著名的旅游景点,向世人展示了绿色建筑的魅力。

随着社会的发展,人与自然从统一走向对立,由此造成了生态危机。因此,要想实现人与自然的和谐发展,必须正视自然的价值,理解自然,改变人们的发展观,逐步完善有利于人与自然和谐发展的生态制度,构建美好的生态文化。此外,人类为了自身的可持续发展,必须使其各种活动,包括建筑活动及其产物与自然和谐共生。

(四)低耗高效性与文明性

1.绿色建筑低耗高效性的设计。所谓建筑能耗,国内外习惯上理解为使用能耗,即建筑物使用过程中用于供暖、通风换气、空调、照明、家用电器、动力、烹饪、给排水等的能耗。合理利用能源、提高能源利用率、节约建筑能源是我国的基本国策。对于绿色建筑的低耗高效性设计,可以采取以下技术措施。

(1)确定绿色建筑的合理建筑朝向:在确定建筑朝向时应当考虑几个因素,一要有利于日照、天然采光、自然通风,二要避免环境噪声、视线干扰,三要与周围环境相协调,有利于取得较好的景观朝向。

(2)设计有利于节能的建筑平面和体型:建筑设计的节能意义包括在设

计建筑方案时遵循建筑节能思想,使建筑方案中蕴含节能的意识和概念。其中建筑体形和平面形状特征设计的节能效应是重要的控制对象,是绿色建筑节能的有效途径。

(3)重视建筑用能系统和设备优化选择:为使绿色建筑达到低耗高效的要求,必须对所有用能系统和设备进行节能设计和选择,这是绿色建筑实现节能的关键和基础。例如,对于集中采暖或使用空调系统的住宅,冷、热水(风)要靠水泵和风机才能输送给用户。如果水泵和风机选型不当,不仅不能满足供暖的功能要求,还会消耗大量的能源用于采暖。

(4)重视建筑日照调节和建筑照明节能:随着人类对能源可持续使用理念的日趋重视,如何使用尽可能少的能源获得最佳的使用效果已成为各个能源使用领域越来越关注的问题。照明是人类使用能源最多的领域之一,如何在这一领域实现使用最少的能源而获得最佳的照明效果无疑是一个具有重要理论意义和应用价值的课题。于是,绿色照明的概念在此基础上被人们提出来,并成为照明设计领域十分重要的研究课题。

现行的照明设计主要考虑被照面上照度、眩光、均匀度、阴影、稳定性和闪烁等照明技术问题。而健康照明设计不仅要考虑这些问题,还要处理好紫外辐射、光谱组成、光色、色温等对人的生理和心理的作用。为了实现健康照明,绿色建筑设计师除了要研究健康照明设计方案和尽可能做到技术与艺术的统一以外,还要研究健康照明的概念、原理,并且充分利用现代科学技术的新成果,不断研究高品质新光源,开发采光和照明新材料、新系统,充分利用天然光,实现资源利用的低耗高效。

(5)物业公司采取严格的管理运营措施:在绿色建筑日常的运行过程中,要想实现建筑资源利用低耗高效的目标,必须采取严格的管理措施,这是绿色建筑资源利用低耗高效的制度保障。物业管理公司是专门从事地上永久性建筑物、附属设备、各项设施及相关场地和周围环境的专业化管理的,为业主和非业主使用人提供良好的生活或工作环境的,具有独立法人资格的经济实体。物业管理公司在实现绿色建筑资源利用低耗高效方面,应根据所管理范围的实际情况,制定节能、节水、节地、节材与绿化管理制度,并说明实施效果。在一般情况下,资源利用低耗高效的管理制度主要包括业主和物业共同制定节能管理模式;分户、分类进行计量与收费;建立物业内部的节能管理机制;采用节能指标达到设计要求的措施等。

2.绿色建筑文明性的设计。21世纪是呼唤绿色文明的世纪。绿色文明包括绿色生产、绿色生活、绿色工作、绿色消费等,其本质是一种社会需求。这种需求是全面的,不是单一的。一方面,它要在自然生态系统中获得物质和能量。另一方面,它要满足人类持久的自身的生理、生活和精神消费的生态需求与文化需求。因此,绿色建筑的文明性设计应通过保护生态环境和利用绿色能源来实现。

(1)保护生态环境:保护生态环境是人类有意识地保护自然生态资源并使其得到合理利用,防止自然生态环境受到污染和破坏。同时,对受到污染和破坏的生态环境做好综合治理,以创造出适合人类生活、工作的生态环境。生态环境保护是指人类为解决现实的或潜在的生态环境问题,协调人类与生态环境的关系,保障经济社会的持续发展而采取的各种行动的总称。

改革开放以来,党和政府越来越重视生态环境问题,并采取一系列措施进行保护和改善,使一些地区的生态环境明显好转。主要表现在:实施了植树造林、防治沙漠化、水土保持、国土整治、草原建设、天然林资源保护等一系列保护措施。逐步完善了环境保护的法治建设,并取得了一定的成绩。总之,保护生态环境已经成为中国社会发展的新理念,成为中国特色社会主义现代化建设进程中的关键影响因素。

(2)利用绿色能源:绿色能源也被称为清洁能源,是环境保护和良好生态系统的象征和代名词,它具有狭义和广义两方面的含义。狭义的绿色能源是指可再生能源,如水能、生物能、太阳能、风能、地热能、海洋能等,这些能源消耗之后可以恢复补充,很少产生污染。广义的绿色能源是指在能源的生产及其消费过程中,对生态环境低污染或无污染的所有能源,既包括可再生能源,如太阳能、风能、水能、生物质能、海洋能等,又包括应用科技变废为宝的能源,如秸秆、垃圾等新型能源,还包括绿色植物提供的燃料,如天然气、清洁煤和核能等。

这里以地源热泵为例介绍绿色建筑中应用的绿色能源。地源热泵是利用地球表面浅层水源(如地下水、河流和湖泊)和土壤源中吸收的太阳能和地热能,并采用热泵原理,由水源热泵机组、地能采集系统、室内系统和控制系统组成的,既可供热又可制冷的高效节能空调系统。如今,在绿色建筑中应用的绿色能源地源热泵,大多可以成功利用地下水、江河湖水、水库水、海水、城市中水、工业尾水、坑道水等各类水资源以及土壤源作为地源热泵的冷、热源。

(五)综合整体创新设计

绿色建筑综合整体创新设计是指将建筑科技创新、建筑概念创新、建筑材料创新与周边环境结合在一起进行设计。绿色建筑综合整体创新设计的重点在于,在可持续发展的前提下,利用科学技术使建筑在满足人类日益发展的使用需求的同时,与环境和谐共处。具体而言,绿色建筑综合整体创新设计包括基于环境的创新设计、基于文化的创新设计和基于科技的创新设计,从而得出了以下结论。

1.基于环境的创新设计。理想的建筑应该与自然相协调,成为自然环境中的一个有机组成部分。对于某个环境而言,无论以建筑为主体,还是以景观为主体,只有两者完美协调才能形成令人愉快、舒适的外部空间。为了达到这一目的,建筑设计师与景观设计师进行了大量的、创造性的构思与实践,从不同的角度、不同的侧面和不同的层次对建筑与环境之间的关系进行了研究与探讨,从而得出了以下结论。

第一,建筑与环境之间良好关系的形成不仅需要有明确、合理的目的,而且有赖于科学的方法论与建筑实践的完美组合。建筑实践是一个受各种因素影响与制约的烦琐、复杂的过程。在设计的初期阶段,能否处理好建筑与环境之间的关系将直接影响建筑与自然之间的协调程度。实际上,建筑与其周围环境有着千丝万缕的联系,这种联系也许是协调的,也许是对立的。它可能反映在建筑的结构、材料、色彩上,也可能通过建筑的形态特征表现出其所处环境的历史、文脉和源流。

第二,建筑自身的形态及构成直接影响着其周围的环境。如果建筑的外表或形态不能够恰当地表现其所在地域的文化特征或者与周围环境发生严重的冲突,那么它就很难与自然保持良好的协调关系。需要注意的是,建筑与环境相协调并不意味着建筑必须被动地屈从于自然、与周围环境保持妥协的关系。有时,建筑的形态会与所在的环境处于某种对立的状态,但是这种对立并非从根本上对其周围环境加以否定,而是通过与局部环境之间形成的对立,在更高的层次上达到与环境整体更加完美的和谐。

总的来说,建筑环境的创新设计就是要求建筑设计师通过类比的手法,把主体建筑设计与环境景观设计有机地结合在一起,将环境景观元素渗透到建筑形体和建筑空间中,以动态的建筑空间和形式、模糊边界的手法,使二者形成功能交织、有机相连的整体,从而实现空间的持续变化和形态交集,使建筑物和城市景观融为一体。

2.基于文化的创新设计。中国传统文化对我国建筑设计有着潜移默化的影响,但是现阶段出于一些错误思想的冲击,传统文化在建筑设计中的运用需要进一步创新发展。

改革开放以后,中国传统文化逐渐受到外来文化的冲击,建筑行业受外来文化和市场经济发展的影响,逐渐开始忽视中国传统建筑文化,盲目崇拜欧式的建筑设计风格,导致很多城市出现了一些与本地区建筑风格完全不同的建筑物,破坏了原先城市建筑物的整体性。为此,相关部门有必要对中国传统建筑风格进行分析研究,促进中国传统文化在建筑设计中的创新和发展,不断设计出具有中国特色的建筑。

现代建筑的混沌理论认为,自然不仅是人类生存的物质空间环境,更是人类精神依托之所在。对于自然地貌的理解,由于地域文化的不同而显示出极大的不同,从而造就了众多风格各异的建筑形态和空间,让人们在欣赏建筑过程中联想到当地的文化传统与艺术特色。由此可见,要想设计展示具有独特文化底蕴的观演建筑,离不开地域文化原创性这一精神原点。它可以引发人们在不同文化背景下的共鸣,引导人们参与其中,获得独特的文化体验。

3.基于科技的设计创新。当今时代,人类社会步入了一个科技创新不断涌现的重要时期,也步入了一个经济结构加快调整的重要时期。持续不断的新科技革命及其带来的科学技术的重大发现发明和广泛应用,推动世界范围内生产力、生产方式、生活方式和经济社会发展观发生了前所未有的深刻变革,也引起全球生产要素流动和产业转移加快,经济格局、利益格局和安全格局发生了前所未有的重大变化。

自20世纪80年代以来,我国建筑行业的技术发展经历了探索阶段、推广阶段和成熟阶段。但是,与国际先进技术相比,我国的建筑设计在科技创新方面仍存在着许多问题,造成这些问题的原因是多方面的,我国建筑业只有采取各种有效措施,不断加强建筑设计的科技创新,才能增强自身的竞争力。

如今,科技创新不足、创新体系不健全,制约着我国绿色建筑可持续发展战略的实施,我国科学技术创新能力,尤其是原始创新能力不足的状况日益突出,已经成为影响我国绿色建筑科学技术发展乃至可持续发展的重大问题。因此,加强绿色建筑的科技创新设计,推进国家可持续发展科技创新体系的建设,是促进我国可持续发展战略实施的当务之急。

第二节 绿色建筑的设计理念、原则及目标

一、绿色建筑的设计理念

绿色建筑需要人类以可持续发展的思想反思传统的建筑理念,走以低能耗、高科技为手段的精细化设计之路,注重建筑环境效益、社会效益和经济效益的有机结合。绿色建筑的设计应遵循以下理念。

(一)和谐理念

绿色建筑追求建筑"四节"(即节能、节地、节水、节材)和与环境生态共存。绿色建筑与外界交叉相连,外部与内部可以自动调节,有利于人体健康。绿色建筑的建造对地理条件有明确的要求,土壤中不存在有毒、有害物质,地温适宜,地下水纯净,地磁适中。绿色建筑外部要强调与周边环境相融合,和谐一致,动静互补,做到既保护自然生态环境,又与环境和谐共生。

(二)环保理念

绿色建筑强调尊重本土文化,重视自然因素及气候特征,力求减少温室气体排放,并对废水、垃圾进行重点处理,实现环境零污染。绿色建筑不通过使用对人体有害的建筑材料和装修材料来提高室内环境质量,保证室内空气清新,温、湿度适宜,使居住者感觉良好,身心健康。

(三)节能理念

绿色建筑要求将能耗在一般建筑的基础上降低70%—75%;尽量采用适应当地气候条件的平面形式及总体布局;考虑资源的合理使用和处置;采用节能的建筑围护结构,减少采暖和空调的使用;根据自然通风的原理设置风冷系统,有效地利用夏季的主导风向;减少对水资源的消耗与浪费。

(四)可持续发展理念

绿色建筑应根据地理及资源条件,设置太阳能采暖、热水,发电及风力发电装置,以充分利用环境提供的天然可再生能源。[①]

二、绿色建筑遵循的基本原则

绿色建筑应坚持"可持续发展"的建筑理念。理性的设计思维方式和科学程序的把握,是提高绿色建筑环境效益、社会效益和经济效益的基本保证。绿色建筑除了满足传统建筑的一般要求外,尚应遵循以下基本原则。

(一)关注建筑的全寿命周期

建筑从最初的规划设计到随后的施工建设、运营管理及最终被拆除,形成了一个全寿命周期。即意味着不仅在规划设计阶段要充分考虑并利用环境因素,而且要确保施工过程中对环境的影响是最低的,运营管理阶段能为人们提供健康、舒适、低耗、无害空间,拆除后对环境的危害也要降到最低,并使拆除材料尽可能再循环利用。

---

①顾瑞东.绿色建筑设计与未来发展方向[J].城市建设理论研究(电子版),2016(11):20.

(二)适应自然条件,保护自然环境

第一,充分利用建筑场地周边的自然条件,尽量保留和合理利用现有适宜的地形、地貌、植被和自然水系。

第二,在建筑的选址、朝向、布局、形态等方面,充分考虑当地气候特征和生态环境。

第三,建筑风格与规模和周围环境保持协调,保持历史文化与景观的连续性。

第四,尽可能减少对自然环境的负面影响,如减少有害气体和废弃物的排放,减少对生态环境的破坏。

(三)创建适用与健康的环境

第一,绿色建筑应优先考虑使用者的舒适度,努力创造优美和谐的环境。

第二,确保使用的安全性,降低环境污染,改善室内环境质量。

第三,满足人们生理和心理的需求,同时为人们提高工作效率创造条件。

(四)加强资源节约与综合利用,减轻环境负荷

第一,通过优良的设计和管理,优化生产工艺,并采用适宜的技术、材料和产品。

第二,合理利用和优化资源配置,改变消费方式,减少对资源的占有和消耗。

第三,因地制宜,最大限度地利用本地材料与资源。

第四,最大限度地提高资源的利用效率,积极促进资源的综合循环利用。

第五,增强耐久性及适应性,延长建筑物的整体使用寿命。

第六,尽可能使用可再生的、清洁的资源和能源。

此外,绿色建筑的建设必须符合国家的法律法规与相关的标准规范,实现经济效益、社会效益和环境效益的统一。

三、绿色建筑的设计原则

绿色建筑的设计原则,可概括为自然性、系统协同性、高效性、健康性、经济性、地域性、进化性这七个原则。

(一)自然性原则

在建筑外部环境设计、建设与使用过程中,应加强对原生生态系统的保护,避免或减少对生态系统的干扰和破坏。应充分利用场地周边的自然条件,保持历史文化与景观的连续性,保持原有生态基质、廊道、斑块的连续性。对于在建设过程中造成生态系统破坏的情况,采取生态补偿措施。

(二)系统协同性原则

绿色建筑是建筑与外界环境共同构成的系统,具有系统的功能和特征,构成系统的各相关要素需要关联耦合、协同作用以实现其高效、可持续、最优化地实施和运营。绿色建筑是在建筑运行的全生命周期过程中,多学科领域交叉,跨越多层级尺度范畴,涉及众多相关主体,硬科学与软科学共同支撑的系统工程。

(三)高效性原则

绿色建筑设计应着力提高在建筑全生命周期中对资源和能源的利用效率。例如,采用创新的结构体系、可再利用或可循环再生的材料系统、高效率的建筑设备等。

(四)健康性原则

绿色建筑设计通过对建筑室外环境营造和室内环境调控,提高建筑室内舒适度,构建有益于人的生理健康的热、声、光和空气质量环境,同时为人们提高工作效率创造条件。

(五)经济性原则

绿色建筑应优化设计和管理,选择适用的技术、材料和产品,合理利用并优化资源配置,延长建筑物整体使用寿命,增强其性能及适应性。基于对建筑全生命周期运行费用的估算,以及评估设计方案的投入和产出,绿色建筑设计应提出有利于成本控制的具有可操作性的优化方案,在优先采用被动式技术的前提下,实现主动式技术与被动式技术的相互补偿和协同运行。

加强资源节约与综合利用,遵循"3R原则",即 Reduce(减量)、Reuse(再利用)和 Recycle(循环再生)。

第一,"减量"。即绿色建筑设计除了满足传统建筑的一般设计原则外,应遵循可持续发展理念,在满足当代人需求的同时,应减少建筑物建设和使用过程中资源(土地、材料、水)消耗量和能源消耗量,从而达到节约资源和减少排放的目的。

第二,"再利用"。即保证选用的资源在整个建设过程中得到最大限度利用,尽可能多次及以多种方式使用建筑材料或建筑构件。

第三,"循环再生"。即尽可能利用可再生资源。所消耗的能量、原料及废料能循环利用或自行消化分解。在规划设计中能使其各系统在能量利用、物质消耗、信息传递及分解污染物方面形成一个闭合的循环网络。

(六)地域性原则

绿色建筑设计应密切结合所在地域的自然地理气候条件、资源条件、经济状况和人文特质,分析、总结传统建筑利用自然资源与应对环境的设计,因地制宜地制定与地域特征紧密相关的绿色建筑评价标准、设计标准和技术导则,选择匹配的对策、方法和技术。

(七)进化性原则(也称弹性原则、动态适应性原则)

在绿色建筑设计过程中充分考虑各相关方法与技术更新、持续进化的可能性,并采用弹性的、对未来发展变化具有动态适应性的策略,为后续技术系统的升级换代和新型设施的添加应用留有操作接口和载体,并能保障新系统与原有设施协同运行。

四、绿色建筑的目标

绿色建筑的目标分为观念目标、评价目标和设计目标。

(一)绿色建筑的观念目标

对于绿色建筑,目前得到普遍认同的认知观念是,绿色建筑不是基于理论发展和形态演变的建筑艺术风格或流派,不是方法体系,而是试图解决自然和人类社会可持续发展问题的建筑表达,是相关主体(包括建筑师、政府机构、投资商、开发商、建造商、非营利机构、业主等)在社会、政治、经济、文化等多种因素影响下,基于社会责任或制度约束而共同形成的对待建筑设计的严肃而理性的态度和思想观念。

(二)绿色建筑的评价目标

评价目标是指采用设计手段使建筑相关指标符合某种绿色建筑评价标准体系的要求,并获取评价标识。目前国内外绿色建筑评价标准体系可以划分为两大类。

第一类,是依靠专家的主观判断与决策,"通过权重实现对绿色建筑不同生态特征的整合,进而形成统一的比较与评价尺度"。其评价方法优点在于简单、便于操作,不足之处是缺乏对建筑环境影响与区域生态承载力之间的整体性的表达和评价。

第二类,是基于生态承载力考虑的绿色建筑评价,源于"自然清单考察"评估方法,通过引入生态足迹、能值、碳排放量等与自然生态承载力相关的生态指标,对照区域自然生态承载力水平,评价人类建筑活动对环境的干扰是否影响环境的可持续性,并据此确立绿色建筑设计的目标。其优点在于易于理解,更具客观性,不足之处是具体操作较繁复。

(三)绿色建筑的设计目标

绿色建筑的设计目标包括节地、节能、节水、节材及注重室内环境质量几个方面。

1.节地与室外环境。

(1)建筑场地选择:①优先选用已开发且具备改造潜力的用地;②场地环境应安全可靠,远离污染源,并对自然灾害有充分的抵御能力;③保护并充分利用原有场地上的自然生态条件,注重建筑与自然生态环境的协调;④避免建筑行为造成水土流失或其他灾害。

(2)节地措施:①建筑用地适度密集,适当提高公共建筑的建筑密度,住宅建筑立足创造宜居环境,来确定建筑密度和容积率;②强调土地的集约化利用,充分利用周边的配套公共建筑设施;③高效利用土地,如开发利用地下空间,采用新型结构体系与高强轻质结构材料,提高建筑空间的使用率。

(3)降低环境负荷:①建筑活动对环境的负面影响应控制在国家相关标准规定的允许范围内;②减少建筑产生的废水、废气、废物的排放;③利用园林绿化和建筑外部设计以减少热岛效应;④减少建筑外立面和室外照明引起的光污染;⑤采用雨水回渗措施,维持土壤水生态系统的平衡。

(4)绿化设计:①优先种植乡土植物,采用耐候性强的植物,减少日常维护的费用;②采用生态绿地、墙体绿化、屋顶绿化等多样化的绿化方式,应对乔木、灌木和攀缘植物进行合理配置,构成多层次的复合生态结构,达到人工配置的植物群落自然和谐的效果,并起到遮阳、降低能耗的作用;③绿地配置合理,达到局部环境内保持水土、调节气候、降低污染和隔绝噪音的目的。

(5)交通设计:①充分利用公共交通网络;②合理组织交通,减少人车干扰;③地面停车场采用透水地面,并结合绿化为车辆遮阴。

2.节能与可再生能源利用。

(1)降低能耗:①利用场地自然条件,合理考虑建筑朝向和楼距,充分利用自然通风和天然采光的优势,减少使用空调和人工照明;②提高建筑围护结构的保温隔热性能,采用由高效保温材料制成的复合墙体和屋面及密封保温隔热性能好的门窗,采取有效的遮阳措施;③采用用能调控和计量系统。

(2)提高用能效率:①采用高效建筑供能、用能系统和设备。如合理选择用能设备,使设备高效工作,根据建筑物用能负荷动态变化,采用合理的调控措施;②优化用能系统,采用能源回收技术。如考虑部分空间、部分负荷下运营时的节能措施,有条件时宜采用热、电、冷联供形式,提高能源利用效率,也可采用能量回收系统,如采用热回收技术;③针对不同能源结构,实现能源梯级利用。

(3)使用可再生能源:可再生能源,指从自然界获取的、可以再生的非化石能源,包括风能、太阳能、水能、生物质能、地热能、海洋能、潮汐能等,以及通过热泵等先进技术取自自然环境(如大气、地表水、浅层地下水、土壤等)的能量。可再生能源的使用不应造成对环境和原生态系统的破坏以及对自然资源的污染。

(4)确定节能指标:①各分项节能指标;②综合节能指标。

3.节水与水资源利用。

（1）节水规划：根据当地水资源状况，因地制宜地制定节水规划方案，如中水、雨水回用等，保证方案的经济性和可实施性。

（2）提高用水效率：①按高质高用、低质低用的原则，生活用水、景观用水和绿化用水等按用水水质要求分别提供；②采用节水系统、节水器具和设备，如采取有效措施，避免管网漏损；空调冷却水和游泳池用水采用循环水处理系统；卫生间采用低水量冲洗便器、感应出水龙头或缓闭冲洗阀等，提倡使用免冲厕技术等；③采用节水的景观和绿化浇灌设计，如景观用水不使用市政自来水，尽量利用河湖水、收集的雨水或再生水，绿化浇灌采用微灌、滴灌等节水措施。

（3）雨污水综合利用：①采用雨水、污水分流系统，有利于污水处理和雨水的回收再利用；②在水资源短缺地区，通过技术经济比较，合理采用雨水和中水回用系统；③合理规划地表与屋顶雨水径流途径，最大限度地降低地表径流，采用多种渗透措施增加雨水的渗透量。

（4）确定节水指标：①各分项节水指标；②综合节水指标。

4.节材与材料资源。

（1）节材：①采用高性能、低材耗、耐久性好的新型建筑结构；②选用可循环、可回用和可再生的建材；③采用工业化生产的成品，减少现场作业；④遵循模数协调原则，减少施工废料；⑤减少不可再生资源的使用。

（2）使用绿色建材：①选用蕴能低、高性能、高耐久性的建材，减少建材在全寿命周期中的能源消耗；②选用可降解、对环境污染少的建材；③使用原料消耗量少和采用废弃物生产的建材；④使用可节能的功能性建材。

5.注重室内环境质量。

（1）光环境：①设计采光性能最佳的建筑朝向，发挥天井、庭院、中庭的采光作用；②利用自然光调控设施，如采用反光板、反光镜、集光装置等，改善室内的自然光分布；③办公和居住空间，开窗能有良好的视野；④室内照明尽量利用自然光，如不具备时，可利用光导纤维引导照明，以充分利用阳光，减少白天对人工照明的依赖；⑤照明系统采用分区控制、场景设置等技术措施，有效避免过度使用和浪费；⑥分级设计一般照明和局部照明，满足低标准的一般照明与符合工作面照度要求的局部照明相结合;局部照明可调节,以有利使用者的健康和照明节能;⑦采用高效、节能的光源、灯具和电器附件。

(2)热环境:①优化建筑外围护结构的热工性能,防止因外围护结构内表面温度过高或过低、透过玻璃进入室内的太阳辐射热等引起的不舒适感;②设置室内温度和湿度调控系统,使室内热舒适度能得到有效的调控;③根据使用要求合理设计温度可调区域的大小,满足不同个体对热舒适性的要求。

(3)声环境:①采取动静分区的原则进行建筑的平面布置和空间划分,如办公、居住空间不与空调机房、电梯间等设备用房相邻,减少对有安静要求房间的噪声干扰;②合理选用建筑围护结构构件,采取有效的隔声、减噪措施,保证室内噪声级和隔声性能符合《民用建筑隔声设计规范》的要求;③综合控制机电系统和设备的运行噪声,如选用低噪声设备,在系统、设备、管道(风道)和机房采用有效的减振、减噪、消声措施,控制噪声的产生和传播。

(4)室内空气品质:①人员经常停留的工作和居住空间应能自然通风,可结合建筑设计提高自然通风效率,如采用可开启窗扇、利用穿堂风、竖向拔风作用通风等;②合理设置风口位置,有效组织气流;采取有效措施防止串气、反味,采用全部和局部换气相结合,避免厨房、卫生间、吸烟室等处的受污染空气循环使用;③室内装饰、装修材料对空气质量的影响应符合《民用建筑室内环境污染控制规范》的要求;④使用可改善室内空气质量的新型装饰装修材料;⑤设集中空调的建筑,宜设置室内空气质量监测系统,维护用户的健康和舒适;⑥采取有效措施防止结露和滋生霉菌。

第二章 绿色建筑与绿色城市的规划与设计

第一节 绿色建筑的规划布局

伴随着经济发展和城市化进程的加快,城市人口及规模也日益增长,城市出现了普遍的粗放型扩张,城市建筑的规划和管理问题逐渐凸显。绿色建筑规划是在保护自然资源的基础上,以人为本建设适宜人类居住的生态型建筑。绿色建筑规划的重点在于以自然为源、创新为魂、保护为本,而不是简单的绿化所能替代的。

首先,要界定一下建筑设计领域中各种设计概念的相互关系。

一、建筑领域内常见的几个概念

(一)建筑设计

广义的建筑设计是指设计一个建筑物或建筑群所要做的全部工作。由于科学技术的发展,建筑设计工作常涉及建筑学、结构学以及给水、排水、供暖、空气调节、电气、燃气、消防、防火、自动化控制管理、建筑声学、建筑光学、建筑热工学、工程估算、园林绿化等方面的知识,需要各种专业技术人员的密切协作。

通常所说的建筑设计,是指"建筑学专业"范围内的工作,它所要解决的问题包括:建筑物内部各种使用功能和使用空间的合理安排;建筑物与周围环境,与各种外部条件的协调配合;建筑内部和外观的空间及艺术效果设计;建筑细部的构造方式;建筑与结构及各种设备工程的综合协调等。因此,建筑设计的主要目标是对建筑整体功能关系的把握,创造良好的建筑外部形象和内部空间组合关系。建筑设计的参与者主要为建筑师、结构工程师、设备工程师等。

(二)城市规划

城市规划是为了实现一定时期内城市的经济和社会发展目标,确定城市性质、规模和发展方向,合理利用城市土地,协调城市空间布局和各项建设所做的综合部署和具体安排。城市规划是建设城市和管理城市的基本依据,在确保城市空间资源的有效配置和土地合理利用的基础上,是实现城市经济和社会发展目标的重要手段之一。

城市规划具有抽象性和数据化的特点。其参与者主要为政府、规划师、社会学家等。

(三)景观设计

景观设计与规划、园林、地理等多种学科交叉融合,在不同的学科中具有不同的意义。景观设计注重更好地协调生态、人居地、地标及风景之间的关系。

景观建筑学是介于传统建筑学和城市规划之间的交叉学科,也是一门综合学科,其研究的范围非常广泛,已经延伸到传统建筑学和城市规划的许多研究领域,比如,城市规划中的风景与园林规划设计、城市绿地规划,建筑学中的环境景观设计等。

景观建筑学的理论研究范围,在人居环境设计方面,侧重从生态、社会、心理和美学方面研究建筑与环境的关系;其实践工作范围,包括区域生态环境中的景观环境规划,城市规划中的景观规划、风景区规划、园林绿地规划、城市设计,以及建筑学和环境艺术中的园林植物设计、景观环境艺术等不同工作层次。它涉及的工作对象可以从城市总体形态到公园、街道、广场、绿地和单体建筑,以及雕塑、小品、指示牌等从宏观到微观的层次。景观设计和建筑设计都从属于城市设计。

(四)城市设计

城市设计又称都市设计,是以城市作为研究对象,介于城市规划、景观设计与建筑设计之间的一种设计。现在普遍接受的定义是城市设计是一种关注城市规划布局、城市面貌、城镇功能,并且尤其关注城市公共空间的学科。

城市设计与具体的景观设计或建筑设计又有所区别,城市设计处理的空间与时间尺度远比建筑设计大,主要针对一个地区的景观及建筑形态、色彩等要素进行指导。比起城市规划设计又要更加具体,其具有具体性和图形化的特点。城市设计的复杂过程在于,以城市的实体安排与居民的社会心理健康的相互关系为重点,通过对物质空间及景观标志的处理,创造一种物质环境,既能使居民感到愉快,又能激励其产生社区精神,并且能够带来整个城市范围内的良性发展。城市设计的研究范畴与工作对象,过去仅局限于建筑和城市相关的狭义层面,现在慢慢成为一门综合性的跨领域学科。城市设计的参与者包括规划师、建筑师、政府等。

(五)环境设计

环境设计又称"环境艺术设计",属于艺术设计门类,其包含的学科主要有建筑设计、室内设计、公共艺术设计、景观设计等,在内容上几乎包含了平面和广告艺术设计之外其他所有的艺术设计。环境设计以建筑学为基础,有其独特的侧重点,与建筑学相比,环境设计更注重建筑的室内外环境艺术气氛的营造;与城市规划设计相比,环境设计则更注重规划细节的落实与完善;与园林设计相比,环境设计更注重局部与整体的关系。环境艺术设计是"艺术"与"技术"的有机结合体。

二、绿色城市规划设计

(一)城市规划的发展历史

城市规划经历了以下几个主要历史发展过程。

19世纪末以理想城市为目标的"田园城市"理论,功能主义导向的灰色城市规划,生态观念下的绿色城市规划。

工业革命前的城市发展缓慢,早期的城市规划是一种建立在物质空间系统设计基础上的专业工作,其设计的重要内容为追求城市空间系统视觉形式上的壮观、华美与建筑风格上的特色。城市的地理特点,如自然水系与地形的线性要素主导着城市空间形态的演进。如"中国古都北京的格网城市""美国华盛顿的轴线空间""法国巴黎的环形放射形式"等城市脉络都体现了这一特点。

对于华盛顿中心区的规划设计,法国设计师朗方合理利用了当地特定的地形、地貌、河流、方位、朝向等条件,将华盛顿规划成一个宏伟的方格网加放射性道路的城市格局。华盛顿中心区由一条约3.5公里长的东西轴线和较短的南北轴线及其周边街区所构成,国会大厦布置在中心区东西轴线的东端,西端以林肯纪念堂作为对景。南北短轴的两端则分别是杰斐逊纪念堂和白宫,两条轴线汇聚的交点耸立着华盛顿纪念碑,是对这组空间轴线相交的恰当而必要的定位和分隔。华盛顿市规划部门规定,中心区建筑高度不得超过国会大厦,这样就强调出华盛顿纪念碑、林肯纪念堂等主体建筑在城市空间中的中心地位。华盛顿是世界上罕见的,一直按照最初的城市设计构思、"自上而下"整体建设起来的优美的城市。

法国巴黎的环形放射式道路。环形放射式道路网最初多见于欧洲以广场组织道路规划的城市,环形放射式路网的特点是放射性道路在加强了市郊联系的同时,也将城市外围交通引入了城市中心区域,同时城市沿环路向外发展。环线道路与放射线道路应该互相配合,环线道路要起到保护中心区不被过境交通穿越的作用,必须提高环线道路的等级,形成快速环路系统。环形放射式的缺点是街道形状不够规则,存在一些复杂的交叉口,交通组织存在一定困难。此外,大多数早期城市的规划设计并没有表现出整体空间设计的痕迹,如意大利的威尼斯、中国的丽江等,城市设计大都按照一定的空间模式或地方传统设计方式,但城市局部的重要节点空间仍表现出有意识的设计特点。

1.霍华德的"田园城市理论"。

(1)"田园城市"的含义:19世纪末,英国社会活动家霍华德在《明日,一条通向真正改革的和平道路》中,认为应该建设一种兼有城市和乡村优点的理想城市,称之为"田园城市"。1919年,英国"田园城市和城市规划协会"明确提出田园城市的含义,即"田园城市是为保持健康、幸福生活以及产业发展而设计的城市,它的规模适中,能满足各种社会生活的需求,但不应超过这一程度;四周要有永久性的农业地带围绕,城市的土地归公众所有或者托为社区代管"。田园城市实质上是城和乡的结合体,田园城市的概念自20世纪初以来对世界许多国家的城市规划有很大影响。

(2)"田园城市"的空间发展模型:霍华德的田园城市在理论概念的基础上描绘出一个环形放射状的空间发展模型,这是规划史上首次用一个完整结构模型描述人类社会发展建设城市的整体结构,模型较清晰地表达了现代城市规划系统性的特征。

田园城市的平面为圆形,模型是由一个母城市和六个子城市构成,半径约1240码(1133.86米,1码=0.9144米)。中央是一个面积约145英亩(0.59平方千米)的公园,有六条主干道路从中心向外辐射,把城市分成六个区。城市的最外圈建设各类工厂、仓库、市场,一面对着最外层的环形道路,另一面是环状的铁路支线,交通运输十分方便。

霍华德提出,为减少城市的烟尘污染,必须以电为动力源,城市垃圾应用于农业。他建议田园城市占地为6000英亩(1英亩=0.405公顷),城市居中,占地1000英亩;四周的农业用地占5000英亩,除耕地、牧场、果园、森林外,还包括农业学院、疗养院等。农业用地是保留的绿带,永远不得改作他用。在这6000英亩的土地上居住32000人,其中30000人住在城市,2000人散居在乡间。

(3)霍华德解决城市问题方案的主要内容:①疏散过分拥挤的城市人口,使居民返回乡村。他认为此举是一把万能钥匙,可以解决城市的各种社会问题;②建设新型城市,即建设一种把城市生活的优点同乡村的美好环境和谐地结合起来的田园城市。当城市人口增长达到一定规模时,就要建设另一座田园城市;若干个田园城市环绕一个中心城市(人口为5万—8万人)布置,形成城市组群,即社会城市。遍布全国的无数个城市组群中的每一座城镇在行政管理上是独立的,而各城镇的居民实际上属于社会城市的一个社区。他认为这是一种能使现代科学技术和社会改革目标充分发挥各自作用的城市形式;③改革土地制度,使地价的增值归开发者集体所有。

霍华德针对现代社会出现的城市问题和城市规模、布局结构、人口密度、绿带等城市规划问题,提出了带有先驱性的规划思想,以及一系列独创性的见解,是一个比较完整的城市规划思想体系。

(4)田园城市理论的历史意义:田园城市理论对现代城市规划思想起了重要的启蒙作用,对后来出现的一些城市规划理论,如"有机疏散理论""卫星城镇的理论"颇有影响。田园城市理论表示出现代城市规划已不再是一种单纯的空间规划,规划的综合性、系统性与逻辑分析的理性是城市规划的基础。田园城市倡导的规划是将"城市人"视为"社会人",人的价值观、人的选择意愿与社会集体的利益,成为现代城市规划最为重要的判断标杆。此外,霍华德的"三磁力"论演绎了当时社会人的发展价值观取向,推理出城乡结合的理想城市形态更易被社会接受。

2.以功能主义为导向的城市规划。

(1)"功能主义"及"功能主义建筑"。

第一,"功能主义"。起源于20世纪20年代的德国、奥地利、荷兰和法国的一小群理想主义者。20世纪50年代后,这个运动的影响力与日俱增,主导了欧洲和美国多数城市的发展。"功能主义"就是要在设计中注重产品的功能性与实用性,即任何设计都必须保障产品功能及其用途的充分体现,其次才是产品的审美感觉。简而言之,功能主义就是"功能至上"。

第二,"功能主义建筑"。功能主义在现代建筑设计中作为一种创作思潮,是将实用作为美学的主要内容,将功能作为建筑追求的目标。"功能主义建筑"认为建筑的形式应该服从它的功能。19世纪80—90年代,作为芝加哥学派的中坚人物,路易斯·沙利文提出了"形式追随功能"的口号,强调"哪里的功能不变,形式就不变"。早期功能主义建筑的重点是解决人的生理需要,其设计方向为"由内向外"逐步完成。在功能主义建筑发展的晚期,人的心理需要被引进建筑设计之中,建筑形式成为功能的一个组成部分。著名的功能主义建筑,包括芬兰首都赫尔辛基的奥林匹克体育馆和著名的巴黎蓬皮杜艺术中心。当时杰出的代表人物有勒·柯布西耶和密斯·凡·德·罗等。

第三,功能主义学派。功能主义的三个著名学派为"德国的包豪斯学派""荷兰的风格派"以及法国勒·柯布西耶领导的"法国城市设计运动"。

德国的包豪斯学派:包豪斯设计学院,1919 年成立于德国魏玛,这是一座闻名德国乃至欧洲的文化名城。包豪斯是世界上第一所完全为发展设计教育而建立的学院,在当时堪称乌托邦思想和精神的中心。它创建了现代设计的教育理念,即以包豪斯为基地形成与发展的包豪斯建筑学派,它取得了在艺术教育理论和实践中无可辩驳的卓越成就。

格罗皮乌斯是包豪斯的核心人物,他与包豪斯其他成员共同创造了一套新的以功能、技术和经济为主的建筑观、创作方法和教学观,也称为现代主义建筑,即主张适应现代大工业生产和生活需要,以讲求建筑功能、技术和经济效益为特征。包豪斯的目标是在纯美学的指导下将艺术与技术相结合,即去除所有形式上的装饰与过渡,强调功能之美。他们重视空间设计,强调功能与结构的效能。把建筑美学同建筑的目的性、材料性能和建造方式联系起来,提倡以新的技术来经济地解决新的功能问题。包豪斯的标准元素包括白灰墙、清水混凝土、转角玻璃幕墙和平屋顶,在当时变成了适合于任何地方的一种建筑风格,而不考虑当地的传统、气候和自然环境。

荷兰的风格派:荷兰风格派是 19 世纪末 20 世纪初在荷兰兴起的一种建筑艺术流派,最初由一些画家、设计家、建筑师组成,取名于《风格》杂志。20世纪 20 年代,荷兰一些接受了野兽主义、立体主义、未来主义等现代观念启迪的艺术家们开始在荷兰本土努力探索前卫艺术的发展之路,且取得了卓尔不凡的独特成就,形成著名的风格派。其核心人物有画家蒙德里安、凡·杜斯柏格及家具设计师兼建筑师哥瑞特·维尔德,建筑师欧德、里特维尔德等人。比起立体主义、超现实主义运动,风格派运动当时并没有完整的结构和宣言,来维系这个集体的中心——《风格》杂志(杂志编辑是杜斯柏格)。

风格派追求艺术的"抽象和简化",平面、直线、矩形成为艺术中的支柱,色彩亦减至"红黄蓝三原色"及"黑白灰三非色"。对于风格派的这种艺术目标,蒙德里安用"新造型主义"一词来表达。风格派把传统的建筑、家具、产品设计、绘画、雕塑的特征完全剥除,变成最基本的几何结构单体,或者称为元素;把这些几何结构单体进行简单的组合,但在新的结构组合当中,单体依然保持相对独立性和鲜明的可视性。由里特维尔德同施罗德夫人共同构思的施罗德住宅是荷兰风格派的代表作,采用了红、黄、蓝三原色,有构成主义的雕塑效果,室内用活动隔断等,做法独特。

法国勒·柯布西耶的城市规划思想:法国建筑大师勒·柯布西耶对20世纪的建筑空间发展产生了巨大的影响,主要在这三个方面:板式与点式建筑作为大尺度城市空间的构成元素;交通的垂直分离系统——勒·柯布西耶迷恋公路及未来城市的结果;开放的城市空间使景观、阳光、空气得以自由移动。勒·柯布西耶的城市规划观点主要有:传统的城市由于规模的增长和市中心拥挤加剧,需要通过不断改造以完成它的集聚功能;关于拥挤的问题可以用提高道路密度来解决;主张调整城市内部的密度分布,降低市中心的建筑密度与就业密度,以减弱市中心的压力和使人流合理分布于整个城市。

(2)功能主义建筑思潮走向极端:随着现代主义建筑运动的发展,功能主义思潮在20世纪20—30年代风行一时。但是,也有人把它当作绝对信条,被称为"功能主义者"。他们认为不仅建筑形式必须反映功能、表现功能,建筑平面布局和空间组合也必须以功能为依据,而且所有不同功能的构件也应该分别表现出来。功能主义者颂扬"机器美学",他们认为机器是"有机体",同其他的几何形体不同,它包含内在功能,反映了时代的美。因此,有人把建筑和汽车、飞机相比较,认为合乎功能的建筑就是美的建筑。

20世纪20—30年代出现了另一类功能主义者,主要是一些营造商和工程师。他们认为"经济实惠的建筑"就是合乎功能的建筑,就会自动产生美的形式。这些极端的思想排斥了建筑自身的艺术规律,给功能主义本身造成了混乱。20世纪50年代以后,功能主义逐渐销声匿迹。但毋庸置疑,功能主义产生之初对推进现代建筑的发展起过重要作用。

(3)功能主义的城市规划:20世纪50年代后,欧美城市进入新一轮快速更新与扩展时期,城市规划理论受"机器逻辑"的影响,城市被看作是用于居住和工作的集合机器。柯布西耶的"光辉城市"表明了那个时代城市发展的野心,倡导提高城市密度,城市群落布局采用强烈的几何形式,鼓励城市向高层化发展,以寻求更多的建筑空间与更大的城市绿地。

1928年成立的国际现代建筑协会(CIAM),是一个宣扬柯布西耶理念的团体,其哲学基础是将城市视为"居住、工作、交通、游憩"四个功能构成的机器。它建议了一种新的城市规划发展模式,即以大规模的主干街道方格网为基础,以明确的功能分区为城市组织单元,城市发展被理解成城市空间的增长。这种"建筑学现代主义"影响下的城市规划,遵循功能机械主义原理,城市复杂的功能关系被简化为几个主要功能模块及功能间的简单关联。

第一,典型的功能主义城市规划实例:巴西利亚。1956年,巴西政府决定在戈亚斯州海拔1100米的高原上建立新都,定名为巴西利亚。同年,通过竞赛选择了现代建筑运动先锋人物,巴西建筑师卢西奥·科斯塔设计的新都规划方案,规划人口50万,规划用地152平方公里。这是一个过分追求形式的设计,对文化和历史传统考虑不足,未能妥善解决低收入阶层的就业和居住等问题。在没有任何社会经济、人口、土地利用发展预测与分析的情况下,一个空间形态"宏伟"的形式主义方案被地方政府所接受。巴西利亚的规划展现了一个类似飞机的对称图形平面形式、强烈而壮观的纪念性轴线、两翼对称分布的居民区、中央林荫道两侧高耸林立的大楼,完全体现出现代主义运动所追求的城市功能空间的发展形态。

第二,功能主义规划的弊端。随着城市居住区失控性扩张,向郊区蔓延,并不断吞食城市周边的土地,消耗水源与能源,邻里间的陌生,环境景观被破坏,远程通勤的不便,生活单调,城市生态系统危机……功能主义导向下的城市规划设计显现出种种弊端,这种图景被美国学者称为灰色城市,称其发展方式是一种城市生态灾难。现今的中国城市中,单一功能的开发区及新城居住区的盲目扩张,正在演绎西方的灰色发展模式。

3.以生态观念为目标的绿色城市规划。生态文明是人类社会经历工业文明后的必然选择,是当今国际倡导的发展方式。因而现代城市的合理发展方式,正在转变为生态城市型的发展方式。上海世博会"国际城市实践区"倡导未来城市的发展方式是"智能家居""健康社区""低碳城市"以及"和谐环境",都是寻求一种以发展与环境和谐为宗旨的人居生态系统,又称绿色城市。

传统城市规划的工作重点是研究"城市空间的功能合理性",绿色城市规划则更多关注"城市空间中人的活动行为的合理性",而其规划发展的终极目标的合理性如何,也越来越倾向于用指标化来衡量。对城市的自然资源、居住条件、交通状况、工作环境、休憩空间等诸多问题进行科学合理的解决与实现,使城市在它的使用周期内最大限度地节约资源、优化环境和减少污染,为人们提供健康、宜居和高效的城市空间,创造与自然和谐共生的环境,这些都已成为绿色规划需要探索的课题。

(1)城市规划中的绿色内涵:①宏观、微观层面。宏观层面强调人与自然的和谐关系,是一种科学的实践观,谋求人类与自然相协调;微观层面具有生态性、可持续发展性和人文性的重要内涵;②自然、人文角度。强调彰显以人为本的时代特征,从人与自然关系方面强调人与自然和谐相处、平衡共生、协调发展的思维模式。人的存在具有二重性,即自然性与社会性。绿色城市规划蕴含着对人类终极关怀的理性思考,体现了人类和平、安全、健康以及生活质量等方面的人文关怀;③经济角度。强调可持续发展的思维方式,只有经济、社会和自然和谐发展,人类才能持久、持续地享受经济增长带来的成果;④规划角度。就是将绿色思维理念引入城市规划中,通过全社会的共同努力一起创造绿色可持续发展的城市。

(2)"灰色城市"与"绿色城市"的规划内容:以功能为导向的"灰色城市规划"产生了各种城市弊端和发展困境,"绿色城市规划"关注的首位要素从满足人类发展需求的规模增长,转化为发展中的人与环境的和谐;"灰色城市规划"更多是以追求发展的结果为目标,"绿色城市规划"则是以建立和谐的发展关系为目标。这反映出人类社会不同发展阶段需求与模式的变化,即城市发展的策略与方式。

(二)绿色城市规划的概念

城市规划,研究的重点包括土地利用、自然生态保护、城市格局、人居环境、交通方式、产业布局等。绿色城市规划,是以城市生态系统和谐和可持续发展为目标,以协调人与自然环境之间关系为核心的规划设计方法。绿色规划、生态规划与环境规划等概念有着相似的目标和特点,即注重人与自然的和谐。

绿色城市规划的概念源于绿色设计理念,是基于对能源危机、资源危机、环境危机的反思而产生的。与绿色设计一样,绿色规划具有"3R"核心,绿色规划的理念还拓展到人文、经济、社会等诸多方面。其关键词除了洁净、节能、低污染、回收和循环利用之外,还有公平、安全、健康、高效等。

(三)绿色城市规划的设计原则及目标

1.绿色城市规划的设计原则。绿色城市规划设计应坚持"可持续发展"的设计理念,应提高绿色建筑的环境效益、社会效益和经济效益,关注对全球、地区生态环境的影响以及对建筑室内外环境的影响,应考虑建筑全寿命周期的各个阶段对生态环境的影响。

2.绿色城市规划的目标。传统的规划设计往往以美学、人的行为、经济合理性、工程施工等为出发点进行考虑,而生态和可持续发展的内容则作为专项规划或者规划评价来体现。现代绿色规划设计是以可持续发展为核心目标的、生态优先的规划方法。以城市生态系统论的观点,绿色建筑规划应从城市设计领域着手,实施环境控制和节能战略,促成城市生态系统内各要素的协调平衡。主要应注意以下几方面:①完善城市功能,合理利用土地,形成科学、高效和健康的城市格局;提倡功能和用地的混合性、多样性,提高城市活力;②保护生态环境的多样性和连续性;③改善人居环境,形成生态宜居的社区;采用循环利用和无害化技术,形成完善的城市基础设施系统;保护开放空间和创造舒适的环境;④推行绿色出行方式,形成高效环保的公交优先的交通系统和步行交通为主的开发模式;⑤改善人文生态,保护历史文化遗产,改善人居环境;强调社会生态,提倡公众参与,保障社会公平等。

随着认识的不断深入和城市的进一步发展,绿色规划的目标也逐步向更为全面的方向发展。从对新能源的开发到对节能减排和可再生资源的综合利用,从对自然环境的保护到对城市社会生态的关心,从单一的领域到城市综合的绿色规划策略,城市本身是一个各种要素相互关联的复杂生态系统。绿色规划的目的就是要达到城市"社会—经济—自然"生态系统的和谐,其核心是可持续发展。由此可见,绿色规划的目标具有多样性、关联性的特点,同时又具有统一的核心内涵。

(四)绿色城市规划的设计要求及设计要点

1.应谋求社会的广泛支持。绿色建筑建设的直接成本较高,建设周期较长,需要社会的支持。政府职能部门应出台政策、法规,营造良好的社会环境,鼓励、引导绿色建筑的规划和建设。建设单位也要分析和测算建设投资与长期效益的关系,达到利益平衡。

2.应处理好各专业的系统设计。绿色规划设计涉及的专业面较宽,涉及的单位多,涉及的渠道交错纵横。因而,应在建筑规划设计中将各子系统的任务分解,在各专业的系统设计中加以有效解决。

(1)绿色城市规划前期应充分掌握城市基础资料:①城市气候特征、季节分布和特点、太阳辐射、地热资源、城市风流改变及当地人的生活习惯、热舒适习俗等;②城市地形与地表特征,如地形、地貌、植被、地表特征等,设计时尽量挖掘、利用自然资源条件;③城市空间现状,城市所处的位置及城市环境指标,这些因素关系到建筑的能耗。

(2)绿色规划的建筑布局及设计阶段应注意的设计要点:①处理好节地、节能问题,创造优美舒适的绿化环境以及建筑与环境的和谐共存;合理配置建筑选址、朝向、间距、绿化,优化建筑热环境;②尽量利用自然采光、自然通风,获得最佳的通风换气效果;处理好建筑遮阳等功能设计及细部构造处理;着重改善室内空气质量、声、光、热环境,保证洁净的空气和进行噪声控制,营造健康、舒适、高效的室内外环境;③选择合理的体形系数,降低建筑能耗。体形系数,即建筑物与室外大气接触的外表面积与其所包围的体积的比值。一般体形系数每增加0.01,能耗指标增加2.5%;④做好节水规划,提高用水效率,选用节水洁具;雨污水综合利用,将污水资源化;垃圾做减量与无害化处理;⑤处理好室内热环境、空气品质、光环境,选用高效节能灯具,运用智能化系统管理建筑的运营过程。

(五)绿色城市规划设计的策略与措施

绿色规划并非生态专项规划,其策略和措施的提出仍然要针对城市规划的研究对象,如再生能源利用、土地利用、空间布局、交通运输等。在绿色规划设计过程中,生态优先和可持续发展的理念是区别于一般规划设计的重要特点。由于基础条件、发展阶段及政策导向的不同,在推行相关规划策略时的侧重点也不相同。

1.绿色规划的能源利用措施。

(1)可再生能源利用:可再生能源,尤其是太阳能技术,在绿色城市规划设计中的应用已进入实践阶段。德国的弗赖堡就是太阳能利用的代表,其太阳能主动和被动式利用在城市范围内得到普及。我国的许多城市也制定了新能源使用的策略,对城市供电、供热方式进行合理化和生态化建设。可将太阳能、水电与风电、生物质能等作为新能源发展的重点领域,在此基础上对城市基础设施进行统筹规划和优化调整。

(2)能源的综合利用和节能技术:节能技术不仅应用在建筑领域,也应用在城市规划领域,其中包括城市照明的节能技术、热能综合利用、热泵技术、通过系统优化达成的系统节能技术等。

(3)水资源循环利用:水资源循环利用主要包括中水回用系统和雨水收集系统。中水回用系统开辟了第二水源,促进水资源迅速进入再循环。中水可用于厕所冲洗、灌溉、道路保洁、洗车、景观用水、工厂冷却水等,达到节约水资源的目的。雨水收集系统在绿色规划中也得到了广泛使用,例如,德国柏林波茨坦广场的戴姆勒·克莱斯勒大楼周边就采用了雨水收集系统,通过屋顶绿化吸收之后,剩余的水分收集在蓄水池中,每年雨水收集量可达7700立方米。

(4)垃圾回收和再利用:包括垃圾的分类收集、垃圾焚化发电、可再生垃圾的利用等措施,可促进城市废物的再次循环。对城市基础设施来说,一个是提供充足的分类收集设施,另一个是建设能够处理垃圾的再生纸生产、发电等再利用设施。

(5)环境控制:包括防止噪声污染,垃圾无害化处理,光照控制,风环境控制,温度湿度控制,空气质量控制等。随着虚拟模拟技术的引入,对噪声、光照、风速、风压等可以进行计算机模拟,依据结果对规划方案进行修正。

2.混合功能社区——以"土地的混合利用"为特色。功能的多元化源自人类自身的复杂性与矛盾性,聚居空间作为生活活动的物质载体,体现着最朴素的混合发展观。近年来城镇化处于快速膨胀期,产业集聚与人居增长在地理空间上高度复合。区别于传统的经济社会导向型的土地利用规划模式,从生态角度出发的土地利用模式有着一些新的途径,即提倡以"土地的混合利用"为特色的混合功能社区,既节省土地资源,有利于提高土地经济性和功能的多样化,又通过合理布局,调整就业空间分布,鼓励区内就业等方式,缩短出行距离。目前,土地的混合利用已经为许多城市所接受,在城市中心区和居住社区建设中得到实践应用。

3.改善交通模式和道路系统。私家车的大量使用带来交通拥堵、噪声污染、能源浪费、温室气体排放等众多的生态难题,因此被环保主义者们视为噩梦,过度依赖小汽车的美国模式也成为遭到诟病的交通模式。因而,"绿色交通"自然成为绿色规划和生态城市的重要发展方向。城市公共交通系统构成如下。

(1)快速公共交通系统"BRT模式":快速公交系统起源于巴西库里蒂巴的BRT模式和道路网。巴西库里蒂巴的城市形态、用地布局、道路设施、道路网设计都与BRT系统进行了结合关联的设计,其示范意义在于提供了一种以公共交通为基础的城市交通组织形式和城市发展模式。BRT既适用于一个拥有几十万人口的小城市,同时也适用于特大型都市。库里蒂巴的公交出行比例高达75%,日客运量高达19万人。

世界上许多城市通过仿效库里蒂巴市的经验,开发改良建设了不同类型的快速公交系统。BRT系统在类型、容量和表现形式上的多样性,反映出它在运营方面广阔的发展空间以及大运量公交系统与生俱来的灵活性。

第一,快速公交系统BRT的特点。快速公交系统是一种高品质、高效率、低能耗、低污染、低成本的公共交通形式,它采用先进的公共交通车辆和高品质的服务设施,通过专用道路来实现快捷、准时、舒适和安全的交通服务。

第二,快速公交系统BRT的组成:①专用路段。通过设置全时段、全封闭、形式多样的公交专用道,提高快速公交的运营速度、准点率和安全性;②先进的车辆。配置大容量、高性能、低排放、舒适的公交车辆确保快速公交的大运量、舒适、快捷和智能化的服务;③设施齐备的车站。建设水平登乘、车外售检票、实时信息监控系统和有景观特色的建筑为乘客提供安全、舒适的候车环境与快速方便的上下车服务;④乘客需求的线路组织。采用直达线、大站快运、常规线、区间线和支线等灵活的运营组织方式更好地满足乘客的出行需求;⑤智能化的运营管理系统。运用自动车辆定位、实时营运信息、交通信号优先、先进车辆调度,提高快速公交的营运水平。

第三,我国"BRT模式"存在的问题。我国许多城市的道路格局已经确定,在用地、设施等难以与BRT系统相衔接的情况下,后加的BRT系统反而占用了城市道路资源。虽然BRT的效率得到一致认可,但是在人流量波动和车、路矛盾激化的情况下,BRT是否适合所有城市需要仔细论证评估。同时,我国的一些城市选择了混合的交通模式,将BRT作为普通公交的补充,这种做法的必要性和总体绩效也应做进一步的研究。

(2)"公共自行车租赁系统":近年来提倡的低碳绿色的出行方式越来越受到追捧。城市公共自行车系统最早出现在1968年,即荷兰阿姆斯特丹的"白色自行车计划",由某个环保组织成员将一些自行车粉刷成白色,免费供人们使用。但随着大批自行车被盗窃和被丢弃,该计划在推行后不久就以失败告终。如今,经历了四代技术革新,自行车防盗机制使公共自行车系统的顺利运行在21世纪成为可能。共享单车已经广泛应用于中国的大小城市。

第一,"公共自行车租赁系统"的概念。又称自行车共享系统,是指在城市中设立的公共自行车使用网络,通过"公共自行车管理系统"进行无人化、智能化管理,并以该服务系统和与其配套的城市自行车路网为载体,提供公共自行车出行服务的城市交通系统。其一般设置在城市大型居住区、商业中心、交通枢纽、旅游景点等区域,隔一定距离规划设置公共自行车租车站点,每个站点放置30—60辆公共自行车,随时为不同人群提供服务,并根据使用时长征收一定费用。每辆自行车都单独有一个可以锁车的装置和读卡租车、还车的读卡器(固定在地上的,不能移动)。

第二,"公共自行车租赁系统"的使用流程:①租车。将具有租车功能的IC卡放在有公共自行车的锁止器的刷卡区刷卡,此时,锁止器界面上的绿灯闪一下,变常亮,听到蜂鸣器发出"嘀"响声,表示锁止器已打开,租车人及时将车取出,则完成租车;②还车。将所租的自行车推入锁止器,当绿灯闪亮时,及时将租车时的IC卡在锁止装置的刷卡区进行刷卡,当绿灯停止闪亮,听到蜂鸣器发出"嘀"响声,表示车辆已锁上,还车成功;③余额查询、租车还车记录查询。将IC卡放到自助服务机上可以查询卡内金额、租车和还车记录等;④后台管理系统。包括网点开通、运营等管理,车辆租还信息、费用信息的统计,以及有关报表的生成等。

(3)城市电动汽车租赁公共服务:近年来,电动汽车租赁凭借自身特点和优势,正被越来越多的企业和消费者所接受,逐渐成了电动汽车商业模式的重点选择。国外电动汽车租赁模式已经取得了一定经验。例如,法国电动汽车短时租赁"AUTOLIB项目"、德国的"Car2Go汽车共享"和美国的传统租赁等模式。

(4)构建新的城市交通模式、改善城市环境:以美国波士顿的"中心隧道工程"为例,其又称"大隧道""大挖掘",建设的主要目的是将波士顿城内一条沿海湾而建的高架快速干道全线埋入地下,以消除高速路产生的噪声、污染等对波士顿城造成的影响。然后在原高架路的地上部分建一条绿色廊道,使之变成城市的公共空间。波士顿人希望借此项"交通地下化大型项目"解决日益严重的交通拥挤与都市空间不足的问题,并增加许多新的公园绿地。

4.营建绿地生态系统。

(1)传统绿地规划与绿色规划的区别:绿地、水系、湿地、林地等开敞空间被视为生态的培育和保护基础。自然绿地的下垫层拥有较低的导热率和热容量,同时拥有良好的保水性,对缓解城市热岛效应有着重要的作用。传统的绿地系统规划只在服务面积和服务半径方面考虑得较多,而绿色视角的规划则更关注整体性、系统性以及物种的本土性和多样性。绿色规划在设计中注重对本地的动植物物种进行保护,通过自然原生态的设计提高土壤、水系、植物的净化能力,而尽量避免设计过多的人工环境。

(2)绿色规划提倡绿地和开敞空间的可达性和环境品质:①反对把绿地隔离成"绿色沙漠",应在严格保护基本生态绿地的基础上,允许引入人的活动并进行景观、场地、配套设施的建设。这种基于人与自然共生的理念,往往能够达到生态效应和社会效应的协调;②重视生态修复的重要性,特别是对于城市内部和周边已受到影响的地区,应采用适当的方法来培育恢复自然生态。如通过合理配置植物种类,恢复能量代谢和循环,防止外来物种侵入等手段,可以使已遭受生态破坏的地区获得生态修复。

5.改善人居环境及社区模式。人居环境是绿色规划最关注的方面之一，无论是生态城市理论、人居环境理论等研究层面，还是邻里社区、生态小区的实施层面，居住都是永恒的主题。20世纪90年代兴起的新城市主义运动，提出的城市社区模式，在结合了邻里单元、公交导向、步行尺度、适度集约和生态保护的理念后，成为被广泛接受的绿色人居模式。社区作为城市构成的基本单元，包含了城市的许多特征。按照城市设计的分类，绿色社区设计属于分区级设计，具有较强的关联性，上与城市级规划衔接，下与地段级的建筑群、建筑环境设计关联。

城市社区理论最早在英国新城市运动中实践。"邻里单元"理论由佩里提出，为城市社区建设提供了新的思路，新城市主义在社区建设上的主张和实践为生态型社区的发展做出了尝试。

（1）新城市主义社区：①交通。提倡通过步行和自行车来组织社区交通，通过便捷的公共交通模式解决外部交通需求。公共空间和服务设施便捷完备，减少对外出行量，实现公共服务的自给自足；②混合集约。服务设施功能混合，提倡邻里、街道和建筑的功能混合和多样性，提倡功能和用地的适当积聚；③生态友好。降低社区的开发和运转对环境的影响，保护生态，节约土地，使用本地材料等；④归属感。通过加强人员交流和社区安全，营造社区归属感和人情味。在许多案例中，鼓励人与人的交流以及提倡公众参与，这被认为是绿色社区的重要标准。

（2）绿色生态社区规划：伴随着生态保护和绿色技术的发展，绿色生态社区规划有了实施的基础，并且已经出现了较为成功的案例。

第一，绿色生态社区的形式和概念。我国绿色生态社区有多种形式和概念，如生态示范小区、生态居住区、绿色节能小区、绿色社区创建等。这些概念也有片面关注景观环境的情况，如何在生态原则下进行全面的绿色社区规划成为绿色城市规划的重要环节。

第二，绿色社区规划的策略与方法。

空间利用与生态评估：城市社区面临的首要问题是进行土地和空间的安排。与城市规划一样，社区规划对项目选址及周边地区应进行生态环境的评估，以保证与整个城市和区域范围内生态系统的协调。生态评估的因子范围,包括地形地貌、生物气候、地质条件、水资源、能源、动植物物种等自然环境信息,还包括周边城市历史文脉、居民人口构成、产业分布、交通条件等社会经济信息。通过对这些信息的综合评价,可以得出对土地和空间利用的原则性框架,并在此框架内细化落实为土地利用、建筑朝向与布局、生态空间控制等措施。

社区规划设计的出发点,包括基于生物气候的规划、基于生态空间控制的规划、基于历史文脉延续的规划、基于地形的规划等。利用遥感技术和GIS系统的数据库信息叠加方法,可以相对综合地进行多因子评价,从而得到一个较为全面的生态制约框架。这一框架不仅对土地利用和空间划分起到限制作用,而且也是建筑布局、绿地和公共空间选址、道路网组织等的依据。通常在此过程中应当结合项目的生态条件和分析结论,提出项目的绿色规划原则和目标。

TND模式与TOD模式:TND模式——"传统邻里开发"模式。传统的TND(Traditional Neighborhood Development)模式,即"传统邻里开发"模式,由安德雷斯·杜安尼和伊丽莎白·普拉特赞伯克夫妇提出,其主要设计思想为:优先考虑公共空间和公共建筑部分,并把公共空间、绿地、广场作为邻里中心。对于内部交通,该模式主张设置较密的方格网状道路系统,街道不宜过宽,主干道宽度在10米左右,标准街道在7米左右。较多的道路连接节点和较窄的路宽可有效降低行车速度,从而营造利于行人和自行车的交通环境。

TND模式强调社区的紧凑度,强调土地和基础设施的利用效率,通过适度提高建筑容积率降低开发成本和"浓缩"税源。在户型设计上,TND模式还侧重考虑住宅的多样性和拓展性,通过提供不同建筑面积、不同户型、不同价格的多样性住宅,利用总价的过滤效应,让更多低收入的家庭能够支付得起。在建筑风格上,TND模式强调要尊重地方传统。

TND模式认为社区的基本单元是邻里,每一个邻里的规模大约有5分钟的步行距离,单个社区的建筑面积应控制在16万—80万平方米的范围内,最佳规模半径为400米,大部分家庭到邻里公园距离都在三分钟步行范围之内。

TOD模式——"以公共交通为导向的发展"模式。TOD模式是美国郊区化进入新阶段的产物,建立在新城市主义思潮基础上,以区域公交发展为导向,贯彻精明增长理念。TOD一般被认为是遏制城市空间蔓延增长的有效手段。20世纪90年代以来,国内在轨道交通沿线土地开发过程中引入TOD的理念。近年来又开始与低碳城市、宜居城市、紧凑城市、城市综合体的概念结合起来。

TOD模式的概念:"TOD模式"(Transit-Oriented Development,简称TOD),是规划一个居民或者商业区时,使公共交通的使用最大化的一种非小汽车化的规划设计方式,体现了公交优先的政策。TOD区别于传统规划思路的准则,即区域的增长结构和公共交通发展方向一致,采用更紧凑的城市结构;以混合使用、适合步行的规划原则取代单一用途的区划控制原则;城市设计面向公共领域,以人的尺度为导向,而非倾向于私人地域和小汽车空间。

虽然TOD模式与TND模式同属新城市主义的典型代表,是一种有节制的、公交导向的"紧凑开发"模式,但是与TND模式相比,TOD模式更侧重于整个大城市区域层面的良好城市结构的塑造。

TOD的类型等级划分:以TOD站点的规模等级为依据,将TOD的类型划分为"城市型TOD"与"社区型TOD"。"城市型TOD"(城市型公交社区)是指位于公共交通网络中的主干线上,将成为较大型的交通枢纽和商业、就业中心,一般以步行10分钟的距离或600米的半径来界定它的空间尺度。"城市型TOD"又可细分为"区域级"和"地区级"两类。"社区型TOD"(社区型公交社区)不是布置在公交主干线上,仅通过公交支线与公交主干线相连,公共汽车在此段距离运行时间不超过10分钟(大约5公里)。

TOD模式的"4D"设计特征:土地混合开发(Diversity)。TOD区域采用开发高密度住宅、商业、办公用地,同时开发服务业、娱乐、体育等公共设施的混合利用模式。混合用途的土地使用能够有效地减少出行次数,降低出行距离,并且促进以绿色方式出行。

高密度建设(Density)。高密度的开发,能够促进公交方式的选择。有研究表明,在距离轨道交通站点相同距离时,高密度住宅区的公交出行比例要高出30%。

宜人的空间设计(Design)。传统的邻里、狭窄的街道、宜人的公共空间、尺度的多样性、与公交站点之间舒适的步行空间,有利于提高公交出行的吸引力。

到交通站点的距离(Distance)。TOD模式的公共交通,主要是指火车站、机场、地铁、轻轨等轨道交通及巴士干线,然后以公交站点为中心、以400—800米(5—10分钟步行路程)为半径建立中心广场或城市中心,其特点在于集工作、商业、文化、教育、居住等为一身的"混合用途",使居民和雇员在不排斥小汽车的同时能方便地选用公交、自行车、步行等多种出行方式。公共交通有固定的线路并保持一定间距,通常公共汽车站距为500米左右,轨道交通站距为1000米左右。

(3)"共同住宅":共同住宅理念源自20世纪60年代丹麦的一群家庭,他们认为当时的房屋及社区制度不符他们的需求。波蒂尔·葛拉雷写了一篇文章,题为《孩子应该有百年的亲人》,在1967年组织了约50个家庭成为一个理念社区,这就是首个现代共同住宅计划。

共同住宅是理念社区的一种类型,由私人住宅及扩大的共用空间组成。共同住宅由其中的居民一同规划及管理,居民会与邻居有频繁的交流与互动。共用设施包括一个大厨房及餐厅,居民可以轮流掌厨开伙。其他设施包括洗衣房、游泳池、托儿设施、办公室、网络接线、客房、游戏间、视听间、工房或健身房。透过空间设计以及在社交、管理活动上的分摊,共同住宅促进居民跨越年龄的代沟进行交流,满足社交和物质需求。共享资源、空间和物品对经济和环境也相当有益。

美国共同住宅协会对"共同住宅"的定义:它是指以保留个人或者家庭的自由和隐私为前提,把日常生活的部分空间共同化,居民们通过民主协商成立集体,邻里相互关心帮助并定期举办聚餐等集体活动的一种生活方式。除此之外,居民们必须签署一份提倡绿色生活的保证书。简而言之,"共同住宅"主要指同一个小区里的居民们在拥有自己房子的同时,把日常生活的部分空间互相开放,在一个共用空间里享受共住、合吃、同工的邻居乐趣。

随着生态理念和技术的发展,社区规划关注的内容进一步向绿色生态拓展,涵盖了基于生物气候条件的规划设计、绿色交通解决模式、环境系统控制、环境模拟(噪声、采光、通风模拟)、资源的循环利用、节能和减排措施等多方面内容。

第二节　绿色建筑与景观绿化

当今社会回归自然已成为人们的普遍愿望,绿化不仅可以调节室内外温湿度,有效降低绿色建筑的能耗,同时还能提高室内外空气质量,降低CO_2浓度,从而提高使用者的健康舒适度,满足其亲近自然的心理。人类与绿色植物的生态适应和协同进化是人类生存的前提。

建筑设计必须注重生态环境与绿化设计,充分利用地形地貌种植绿色植被,让人们生活在没有污染的绿色生态环境中,这是我们肩负的社会责任和环境责任。因此,绿化是绿色建筑节能、健康舒适、与自然融合的主要措施之一。

一、建筑绿化的配置

构建适宜的绿化体系是绿色建筑的一个重要组成部分,我们在了解植物物种的生物生态习性和其他各项功能的测定比较的基础上,应选择适宜的植物品种和群落类型,提出适用于绿色建筑的室内外绿化、屋顶绿化和垂直绿化体系的构建思路。

(一)环境绿化、建筑绿化的目标

1.改善人居环境质量。人的一生中90%以上的活动都与建筑有关,改善建筑环境质量无疑是改善人居环境质量的重要组成部分。绿化应与建筑有机结合,以实现全方位立体的绿化,提高生活环境的舒适度,形成对人类更为有利的生活环境。

2.提高城市绿地率。城市就像钢筋水泥的沙漠,绿地犹如沙漠中的绿洲,发挥着重要的作用。高昂的地价成为增加城市绿地的障碍,对占城市绿地面积50%以上的建筑进行屋顶绿化、墙面绿化及其他形式绿化,是改善建筑生态环境的一条必经之路。日本有明文规定,新建筑占地面积只要超过1000平方米,屋顶的1/5必须被绿色植物所覆盖。

(二)建筑绿化的定义和分类

建筑绿化,是指利用城市地面以上各种立地条件,如建筑物屋顶和外围护结构表皮,构筑物及其他空间结构的表面,覆盖绿色植被并利用植物向更广空间发展的立体绿化方式。

建筑绿化主要分为屋顶绿化、垂直绿化(墙面绿化)和室内绿化三类。建筑绿化系统包括屋面和立面的基底、防水系统、蓄排水系统以及植被覆盖系统等,适用于工业与民用建筑屋面及中庭、裙房敞层的绿化,与水平面垂直或接近垂直的各种建筑物外表面上的墙体绿化,窗阳台、桥体、围栏棚架等多种空间的绿化。

(三)建筑绿化的功能

1.植物的生态功能。植物具有固定CO_2、释放O_2、减弱噪声、滞尘杀菌、增湿调温、吸收有毒物质等生态功能,其功能的特殊性使建筑绿化不会产生污染,更不会消耗能源,从而改善建筑环境质量。

2.建筑外环境绿化的功能。建筑外环境绿化是改善建筑环境小气候的重要手段。据测定,1平方米的叶面积可日吸收CO_2量15.4g,释放O_2量10.97g,释放水1634g,吸热959.3kJ,可为环境降温1℃—2.59℃。另外,植物又是良好的减噪滞尘的屏障,如园林绿化常用的树种广玉兰,日滞尘量$7.10g/m^2$;高1.5米、宽2.5米的绿篱可减少粉尘量50.8%,减弱噪声1—2dB。此外,良好的绿化结构还可以加强建筑小环境通风,利用落叶乔木为建筑调节光照也是国内外绿化常用的手段。

3.建筑物绿化的功能。建筑物绿化包括墙面绿化和屋顶绿化。使绿化与建筑有机结合,一方面可以直接改善建筑的环境质量,另一方面还可以提高整个城市的绿化覆盖率与辐射面。此外,建筑物绿化还可为建筑有效隔热,改善室内环境。据测定,夏季墙面绿化与屋顶绿化可以为室内降温1℃—2℃,冬季可以为室内减少30%的热量损失。植物的根系可以吸收和存储

50%—90%的雨水,这大大减少了水分的流失。一个城市,如果其建筑物的屋顶都能绿化,则城市的CO_2比绿化前要减少85%。

4.室内绿化的功能。城市环境的恶化使人们越来越多地依赖于室内加热通风及以空调为主体的生活工作环境,由HVAC(Heating, Ventilation and Air Conditioning,缩写HVAC,即供热通风与空气调节)组成的楼宇控制系统是一个封闭的系统,自然通风换气十分困难。据上海市环保产业协会室内环境质量检测中心调查,写字楼内的空气污染程度是室外的2—5倍,有的甚至超过100倍,空气中的细菌含量高于室外的60%以上,CO_2浓度最高时则达到室外三倍以上。人们久居其中,极易造成建筑综合征(SBS)的发生。一定规模的室内绿化可以吸收CO_2,释放O_2,吸收室内有毒气体,减少室内病菌含量。实验表明:云杉有明显的杀死葡萄球菌的效果;菊花可以一日内除去室内61%的甲醛、54%的苯、43%的三氯乙烯。室内绿化还可以引导室内空气对流,增强室内通风。

（四）园林建筑与园林植物配置

我国历史、文化悠久灿烂,古典园林众多,风格各异。由于园林性质、功能和地理位置的差异,园林建筑对植物配置的要求也有所不同。

1.园林植物配置的特点和要求。北京的古典皇家园林,推崇帝王至高无上的思想,加之宫殿建筑体量庞大,色彩浓重,布局严整,多选择侧柏、桧柏、油松、白皮松等树体高大、四季常青、苍劲延年的树种作为基调,来显示帝王的兴旺不衰、万古长青。苏州园林,很多是代表文人墨客情趣和官僚士绅的私家园林,在思想上体现士大夫清高、风雅的情趣,建筑色彩淡雅,如黑灰的瓦顶与白粉墙、栗色的梁柱与栏杆。一般在建筑分隔的空间中布置园林,因此园林面积不大,在地形及植物配置上用"以小见大"的手法,通过"咫尺山林"再现大自然景色,植物配置充满诗情画意。

2.园林建筑门、窗、墙、角隅的植物配置。门是游客游览的必经之处,门和墙连在一起,起到分割空间的作用。充分利用门的造型,以门为框,通过植物配置,与路、石等进行精细的艺术构图,不但可以入画,而且可以扩大视野,延伸视线。窗也可充分利用来作为框景的材料,安坐室内,透过窗框看外界的植物,俨然一幅生动的画面。此外,在园林中利用墙的南面良好的小气候特点,引种栽培一些美丽的不抗寒的植物,可发展成美化墙面的墙园。

3.不同地区屋顶花园的植物配置。江南地区气候温暖,空气湿度较大,所以浅根性、树姿轻盈秀美、花叶美丽的植物种类都很适宜配置于屋顶花园中,尤其在屋顶铺以草皮,其上再植以花卉和花灌木效果更佳。北方地区营造屋顶花园的困难较多,冬天严寒,屋顶薄薄的土层很易冻透,而早春的风在冻土层解冻前易将植物吹干,故宜选用抗旱、耐寒的草种、宿根、球根花卉以及本地花灌木,也可采用盆栽、桶栽,冬天便于移至室内过冬。

二、室内外绿化体系的构建

(一)室内绿化体系的构建

室内场所的出发点是尽可能地满足人的生理、心理乃至潜在的需要。在进行室内植物配置前,应先对场所的环境进行分析,收集其空间特征、建筑参数、装修状况及光照、温度、湿度等与植物生长密切相关的环境因子等诸多方面的资料。综合分析这些资料,才能合理地选用植物,以改善室内环境,提高健康舒适度。

室内绿化植物的选择原则。

(1)适应性强:由于光照的限制,室内植物以耐阴植物或半阴生植物为主。应根据窗户的位置、结构及白天从窗户进入室内光线的角度、强弱和照射面积来决定花卉品种和摆放的位置,同时还要适应室内温湿度等环境因子。

(2)对人体无害:玉丁香久闻会使人出现烦闷气喘、记忆力衰退的现象;夜来香夜间排出的气体可加重高血压、心脏病的症状;含羞草经常与人接触会引起毛发脱落,应避免选择此类对人体可能产生危害的植物。

(3)生态功能强:选择能调节温湿度、滞尘、减噪、吸收有害气体、杀菌和固碳释氧能力强的植物,可改善室内微环境,提高工作效率和增强健康状况。如杜鹃具有较强的滞尘能力,能吸收甲醛等有害气体,净化空气;月季、蔷薇能较多地吸收 HF、苯酚、乙醚等有害气体。

(4)观赏性高:花卉的种类繁多,有的花色艳丽,有的姿态奇特,有的色、香、姿、韵俱佳,如超凡脱俗的月季、吉祥如意的水仙、高贵典雅的君子兰、色彩艳丽的变叶木等。应根据室内绿化装饰的目的、空间变化以及人们的生活习俗,确定所需的植物种类、大小、形状、色彩等。

例:适合华东地区绿色建筑室内绿化的植物。

(1)木本植物:常见的有散尾葵、玳玳、柠檬、朱蕉、孔雀木、龙血树、富贵竹、酒瓶椰、茉莉花、白兰花、九里香、国王椰子、棕竹、美洲苏铁、草莓番石榴、胡椒木等。

(2)草本植物:常见的有铁线蕨、菠萝、花烛、佛肚竹、银星秋海棠、铁叶十字秋海棠、花叶水塔花、花叶万年青、紫鹅绒、幌伞枫、龟背竹、香蕉、中国兰、凤梨类、佛甲草、金叶景天等。

(3)藤本植物:常见的有栎叶粉藤、常春藤、花叶蔓长春花、花叶蔓生椒草、绿萝等。

(4)莳养花卉:常见的有仙客来、一品红、西洋报春、蒲包花、大花蕙兰、蝴蝶兰、文心兰、瓜叶菊、比利时杜鹃、菊花、君子兰等。

(二)室外绿化体系的构建

室外绿化一般占城市总用地面积的35%左右,是建筑用地中分布最广、面积最大的空间。

1.室外绿化植物的选择原则。室外植物的选择首要考虑城市土壤性质及地下水位高低、土壤偏盐碱的特点,其次考虑生态功能,最后需要考虑建筑使用者的安全。综合起来有以下几个方面:第一,耐干旱、耐瘠薄、耐水湿和耐盐碱的适宜物种。第二,耐粗放管理的乡土树种。第三,生态功能好。第四,无飞絮,少花粉,无毒,无刺激性气味。第五,观赏性好。

2.室外绿化群落配置原则。

(1)功能性原则:以保证植物生长良好,利于功能的发挥。

(2)稳定性原则:在满足功能和目的要求的前提下,考虑取得较长期稳定的效果。

(3)生态经济性原则:以最经济的手段获得最大的效果。

(4)多样性原则:植物多样化,以便发挥植物的多种功能。

其他需考虑的特殊要求等。

例:适合华东地区绿色建筑室外绿化的植物。

(1)乔木:常见的有合欢、栾树、梧桐、三角枫、白玉兰、银杏、水杉、垂丝海棠、广玉香、香樟、棕榈、枇杷、八角枫、女贞、大叶棒、紫微、臭椿、刺槐、丁香、旱柳、枣树、橙树、红楠、天竺桂、桑树、泡桐、樱花、龙柏、罗汉松等。

(2)灌木:常见的有角金盘、夹竹桃、栀子花、含笑、石榴、无花果、木槿、八仙花、云南黄馨、浓香茉莉、洒金桃叶珊瑚、大叶黄杨、月季、火棘、蜡梅、龟甲冬青、豪猪刺、南天竹、枸子属、红花橙木、山茶、贴梗海棠、石楠等。

(3)地被:常见的有美人蕉、紫苏、石蒜、一叶兰、玉簪类、黄金菊、薯草、荷兰菊、蛇鞭菊、岩白菜、常夏石竹、钓钟柳、芍药、筋骨草、葱兰、麦冬、花叶薄荷等。

三、屋顶绿化和垂直绿化体系的构建

(一)屋顶绿化体系的构建

1.屋顶植物的选择原则。包括:第一,所选树种植物要适应种植地的气候条件并与周围环境相协调。第二,耐热、耐寒、抗旱、耐强光、不易患病虫害等,且适应性强。第三,根据屋顶的荷载条件和种植基质厚度,选择与之相适应的植物。第四,生态功能好。第五,具有较好的景观效果。

2.屋顶绿化的类型。屋顶绿化是建筑绿化的主要形式,按照覆土深度和绿化水平,一般分为轻型屋顶绿化和密集型屋顶绿化。两类绿化方式的特点,见表2-1所列。

表2-1 轻型屋顶绿化与密集型屋顶绿化的比较

指标	轻型屋顶绿化	密集型屋顶绿化(空中花园)
一般性	覆土层浅(50—150mm); 少量或无灌溉; 低维护保养6—18元/(m²·年)	覆土层深(200—500mm); 有灌溉系统; 维护保养费30—50元/(m²·年)
优势	承重荷载小(60—200kg/m²); 低维护量; 植被可自然生长; 适用于新建和既有改造项目,也适用于较大屋面区域和0—30°屋面坡度; 初期投资低(200—600元/m²)	多样化种植方式; 较好的植物多样性和适应性; 绝热性好; 良好的景观观赏性

指标	轻型屋顶绿化	密集型屋顶绿化(空中花园)
缺点	植物种类受限; 不可游玩进入; 观赏性一般,旱季影响更大	初期投资高(800—1200元/m^2); 一般不适用于建筑改造项目; 承重负荷较大(200—300kg/m^2); 需要灌溉和排水系统

按照屋顶绿化的特点以及与人工景观的结合程度,又可细分为轻型屋顶绿化、半密集型屋顶绿化和密集型屋顶绿化。

(1)轻型屋顶绿化:又称敞开型屋顶绿化、粗放型屋顶绿化,是屋顶绿化中最简单的一种形式。这种绿化效果比较粗放和自然化,让人们有接近自然的感觉,所选用的植物往往也是一些景天科的植物,这类植物具有抗干旱、生命力强的特点,并且颜色丰富鲜艳,绿化效果显著。轻型屋顶绿化的基本特征:低养护,免灌溉,从苔藓、景天到草坪地被型绿化;整体高度6—20厘米,重量为60—200kg/m^2。

(2)半密集型屋顶绿化:是介于轻型屋顶绿化和密集型屋顶绿化之间的一种绿化形式,植物选择趋于复杂,效果也更加美观,居于自然野性和人工雕琢之间。由于系统重量的增加,设计师可以自由加入更多的设计理念,一些人工造景也可以得到很好的展示。半密集型屋顶绿化的特点:定期养护,定期灌溉,从草坪绿化屋顶到灌木绿化屋顶,整体高度12—25厘米,重量为120—250kg/m^2。

(3)密集型屋顶绿化:是植被绿化与人工造景、亭台楼阁、溪流水榭的完美组合,是真正意义上的"屋顶花园",空中花园高大的乔木、低矮的灌木、鲜艳的花朵,植物的选择随心所欲,还可设计休闲场所、运动场地、儿童游乐场、人行道、车行道、池塘喷泉等。密集型屋顶绿化的特点:经常养护,经常灌溉,从草坪、常绿植物到灌木、乔木,整体高度15—100厘米,荷载为150—1000kg/m^2。

例:适合华东地区屋顶绿化的植物。

(1)小乔类:常见的有棕榈、鸡爪械、针葵等。

(2)地被类:常见的有佛甲草、金叶景天、葱兰、萱草、麦冬、石竹、美人蕉、黄金菊、美女樱、太阳花、紫苏、薄荷、鼠尾草、薰衣草、常春藤类、忍冬属等。

（3）小灌木：常见的有小叶女贞、女贞、迷迭香、金钟花、南天竹、双荚决明、伞房决明、山茶、夹竹桃、石榴、木槿、紫薇、金丝桃、大叶黄杨、月季、栀子花、贴梗海棠、石楠、茶梅、蜡梅、桂花、铺地柏、金线柏、罗汉松、凤尾竹等。

（二）垂直绿化体系的构建

1.垂直绿化植物选择的原则。包括：第一，生态功能强。第二，丰富多样，具有较佳的观赏效果。第三，耐热、耐寒、抗旱、不易患病虫害等，且适应性强。第四，无须过多的修剪整形等栽培措施，耐粗放管理。第五，具有一定的攀缘特性。

2.垂直绿化的类型。垂直绿化一般包括阳台绿化、窗台绿化和墙面绿化三种绿化形式。

（1）阳台、窗台绿化：住宅的阳台有开放式和封闭式两种。开放式阳台光照好，又通风，但冬季防风保暖效果差；封闭式阳台通风较差，但冬季防风保暖好，宜选择半耐阴或耐阴种类，如吊兰、紫鸭跖草、文竹、君子兰等放在阳台内。栏板扶手和窗台上可放置盆花、盆景。或种植悬垂植物如云南黄馨、迎春、天门冬等，既可丰富造型，又增加了建筑物的生气。

窗台、阳台的绿化有以下四种常见方式：①在阳台上、窗前设种植槽，种植悬垂的攀缘植物或花草；②让植物依附于外墙面花架，进行环窗或沿栏绿化以构成画屏；③在阳台栏面和窗台面上的绿化；④连接上下阳台的垂直绿化。

由攀缘植物所覆盖的阳台，按其鲜艳的色泽和特有的装饰风格，必须与城市房屋表面的色调相协调，正面朝向街道的建筑绿化要整齐美观。

（2）墙面绿化。第一，墙面绿化的概念。墙面绿化是利用垂直绿化植物的吸附、缠绕、卷须、钩刺等攀缘特性，依附在各类垂直墙面（包括各类建筑物、构筑物的垂直墙体、围墙等）上，进行快速的生长发育。这是常见的最为经济实用的墙面绿化方式。由于墙面植物的立地条件较为复杂，植物生长环境相对恶劣，故技术支撑是关键。对墙面绿化技术的研究将有利于提高垂直绿化整体质量，丰富城市绿化空间层次，改善城市生态环境，降低建设成本。让"城市混凝土森林"变成"绿色天然屏障"是人们在绿化概念上从二维向三维的一次飞跃,并将成为未来绿化的基本趋势。

第二,墙面绿化的作用。墙面绿化具有控温、坚固墙体、减噪滞尘、清洁空气、丰富绿量、有益身心、美化环境、保护和延长建筑物使用寿命的功能。检测发现,在环境温度35℃—40℃时,墙面植物可使展览场馆室温降低2℃—5℃;寒冷的冬季则可使同一场馆室温升高2℃以上。通常,墙面绿化植物表面可吸收约1/4的噪声,与光滑的墙面相比,植物叶片表面能有效减少环境噪声的反射。根据不同的植物及其配置方式,其滞尘率为10%—60%。另外,通过垂直界面的绿化点缀,能使建筑表面生硬的线条、粗糙的界面、灰暗的材料变得自然柔和,郁郁葱葱彰显生态与艺术之美。

第三,墙面绿化的发展情况。在西方,古埃及的庭院、古希腊和古罗马的园林中,葡萄、蔷薇和常春藤等已经被布置成绿篱和绿廊。法国生态学家、植物艺术家帕特里克·勃朗为凯布朗利博物馆设计的800平方米植物墙,成为墙体绿化的标志性工程。我国墙体绿化的历史悠久,早在春秋时期吴王夫差建造苏州城墙时,就利用藤本植物进行了墙面绿化。而上海世博会城市主题馆总面积超过5000平方米的墙面绿化给人们带来了强烈的视觉冲击感。

第四,不同类型墙体的绿化植物选择:①不同表面类型的墙体。较粗糙的表面可选枝叶较粗大的种类,如爬山虎、崖爬藤、凌霄等;而表面光滑、细密的墙面,宜选用枝叶细小、吸附能力强的种类,如络石、小叶扶芳藤、常春藤、绿萝等。除此之外,可在墙面安装条状或网状支架供植物攀附,使许多卷攀型、棘刺型、缠绕型的植物都可借支架绿化墙面;②不同高度、朝向的墙体。选择攀缘植物时,要使其能适应各种墙面的高度以及朝向的要求。对于高层建筑物应选择生长迅速、藤蔓较长的藤本植物如爬山虎、凌霄等,使整个立面都能被有效覆盖。对不同朝向的墙面应根据攀缘植物的不同生态习性加以选择,如阳面可选喜光的凌霄等,阴面可选耐阴的常春藤、络石、爬山虎等;③不同颜色的墙面。在墙面绿化时,还应根据墙面颜色的不同而选用不同的垂直绿化植物,以形成色彩的对比。如在白粉墙上以爬山虎为主,可充分显示出爬山虎的枝姿与叶色的变化,夏季枝叶茂密、叶色翠绿,秋季红叶染墙、风姿绰约。绿化时宜辅以人工固定措施,否则易引起白粉墙灰层的剥落。橙黄色的墙面应选择叶色常绿、花白繁密的络石等植物加以绿化。泥土墙或不粉饰的砖墙,可用适于攀缘墙壁向上生长的气根植物如爬山虎、络石,可不设支架。如果表面粉饰精致,则选用其他植物,装置一些简单的支架。在某些石块墙上可以在石缝中充塞泥土后种植攀缘植物。

3.墙面绿化的构造类型。根据墙面绿化构造做法的不同方式,分为六种类型。

(1)模块式:即利用模块化构件种植植物以实现墙面绿化。将方块形、菱形、圆形等几何单体构件,通过合理搭接或绑缚固定在不锈钢或木质等骨架上,形成各种景观效果。模块式墙面绿化,可以按模块中的植物和植物图案预先栽培养护数月后进行安装,其寿命较长,适用于大面积的高难度的墙面绿化,墙面景观的营造效果最好。

(2)铺贴式:即在墙面直接铺贴植物生长基质或模块,形成一个墙面种植平面系统。其特点:①可以将植物在墙体上自由设计或进行图案组合;②直接附加在墙面,无须另外做钢架,并通过自来水和雨水浇灌,降低建造成本;③系统总厚度薄,只有10—15厘米,并且还具有防水阻根功能,有利于保护建筑物,延长其寿命;④易施工,效果好等。

(3)攀爬或垂吊式:即在墙面种植攀爬或垂吊的藤本植物,如种植爬山虎、络石、常春藤、扶芳藤、绿萝等。这类绿化形式简便易行,造价较低,透光透气性好。

(4)摆花式:即在不锈钢、钢筋混凝土或其他材料等做成的垂面架中安装盆花以实现垂面绿化。这种方式与模块化相似,是一种"缩微"的模块,安装拆卸方便。选用的植物以时令花为主,适用于临时墙面绿化或竖立花坛造景。

(5)布袋式:即在铺贴式墙面绿化系统的基础上发展起来的一种工艺系统,首先在做好防水处理的墙面上直接铺设软性植物生长载体,如毛毡、椰丝纤维、无纺布等,其次在这些载体上缝制装填有植物生长及基材的布袋,最后在布袋内种植植物,实现墙面绿化。[①]

(6)板槽式:即在墙面上按一定的距离安装V形板槽,在板槽内填装轻质

①柯思征,张佳楠.建筑绿化的应用[J].园林,2017(7):4.

的种植基质,再在基质上种植各种植物。

例:适合垂直绿化的植物。推荐选用的适合华东地区绿色建筑垂直绿化的植物有铁箍散、金银花、西番莲、藤本月季、常春藤、比利时忍冬、川鄂爬山虎、紫叶爬山虎、中华常春藤、猕猴桃、葡萄、紫藤等。

近年来,建筑绿化作为城市增绿的重要举措在城市园林绿化业中逐渐得到重视,但目前在建筑行业,建筑绿化设计只作为景观辅助设计,建筑绿化对建筑本体的功用和影响需要引起重视。

第三节　中国传统建筑的绿色经验

中国的传统建筑历史悠久,独树一帜,以其独特的魅力屹立于东方大地之上。传统建筑作为中国文化的物质载体,反映出中国古人所追求的审美境界、伦理规范以及对于自身的终极关怀。中国传统建筑在其演化过程中,不断丰富着建筑形态与营造经验,利用并改进建筑材料,形成稳定的构造方式和匠艺传承模式。这是人们在掌握当时当地自然条件特点的基础上,在长期的实践中依据自然规律和基本原理总结出来的,有其合理的生态经验、设计理念与技术特点。

一、中国传统建筑中体现的绿色观念

中国传统建筑在建造过程中遵循"人不能离开自然"的原则,从皇宫、园林等重大建筑到城乡中的田园宅舍,无论是聚落选址、布局、单体构造、空间布置、材料利用等方面,都受到了自然环境的影响。

中国传统营造技术的特点是基本符合生态建筑标准的,通过对"被动式"环境控制措施的运用,在没有现代采暖空调技术的条件下,创造出了健康、相对适宜的室内外物理环境。因此,相对于现代建筑,中国的传统建筑特别是民居建筑,具有的生态特性或绿色特性很多方面是值得我们借鉴的。

（一）"天人合一"的思想

"天人关系"，即人与自然的关系。"天"是指大自然，"天道"就是自然规律；"人"是指人类，"人道"就是人类的发展规律。"天人合一"是中国古代的一种政治哲学思想，指的是人与自然之间的和谐统一，体现在人与自然的关系上，就是既不存在人对自然的征服，也不存在自然对人的主宰，人和自然是和谐的整体。"天人合一"的思想最早起源于春秋战国时期，经过董仲舒等学者的阐述，由宋明理学派总结并明确提出，其基本思想是人类的政治、伦理等社会现象，是自然的直接反映。

中国传统的建筑文化也崇尚"天人合一"的哲学观，这是一种整体的关于人、建筑与环境的和谐观念。建筑与自然的关系是一种崇尚自然、因地制宜的关系，从而达到一种共生共存的状态。中国传统聚落建设、中国传统民居的风水理论，同样寻求天、地、人之间最完美和谐的环境组合，表现为重视自然、顺应自然、与自然相协调的态度，和力求因地制宜、与自然融合的环境意识。中国传统民居的核心是居住空间与环境之间的关系，体现了原始的绿色生态思想和原始的生态观，其合理之处与现代住宅环境设计的理念不谋而合。

（二）"师法自然"与"中庸适度"

1. "师法自然"。"师法自然"原文来自《老子》，"人法地，地法天，天法道，道法自然"。"师法自然"是以大自然为师加以效法的意思，即一切都自然而然，由自然而始，是一种学习、总结并利用自然规律的营造思想。归根到底，人要以自然为师，就是要遵循自然规律，即所谓的"自然无为"。

国外的学者这样评论中国的建筑思想：再没有其他地方表现得像中国人那样热心于体现他们伟大的设想"人不能离开自然"的原则，皇宫、庙宇等重大建筑当然不在话下，城乡中无论集中的，或是散布在田园中的房舍，也都经常地呈现一种对"宇宙图案"的感觉，以及作为方向、节令、风向和星宿的象征主义。如汉代的长安城，史称"斗城"，因其象征北斗之形，从秦咸阳、汉长安到唐长安，其城市选址和环境建设，都在实践中不断汲取前代的宝贵经验，至今仍有值得借鉴学习之处。

2."中庸适度"。

（1）"中庸适度"的概念：《中庸》出自《易经》，摘于《礼记》，是由孔子的孙子子思整理编定。《中庸》是"四书"中的"一书"，全书三十三章，分四部分，所论皆为天道、人道，讲求中庸之道，即把心放在平坦的地方来接受命运的安排。中庸，体现出一定的唯物主义因素和朴素的哲学辩证法。适度，是对中庸的得体解析，对中国文化及文明传播具有久远的影响。其不偏不倚、过犹不及的审美意识，对中国传统建筑发展影响颇深。"中庸适度"即一种对资源利用持可持续发展的理念，在中国人看来，只有对事物的发展变化进行节制和约束，使之"得中"，才是事物处于平衡状态长久不衰而达到"天人合一"的理想境界的根本方法。

（2）"中庸适度"的建筑空间尺度："中庸适度"的原则表现在中国古代建筑中的很多方面，"节制奢华"的建筑思想尤其突出，如传统建筑一般不追求房屋过大。《吕氏春秋》中记载"室大则多阴，台高则多阳，多阴则蹶，多阳则痿，此阴阳不适之患也；是故先王不处大室，不为高台"。还有"宫室得其度""便于生""适中""适形"等，实际都是指要有宜人的尺度控制。《论衡·别通篇》中也有这样的论述："富人之宅，以一丈之地为内"，内即内室或内间，是以"人形一丈，正形也"为标准而权衡的。这样的室或间又有丈室、方丈之称。其构成多开间的建筑，进而组成宅院或更大规模的建筑群，遂有了"百尺""千尺"这个重要的外部空间尺度概念，而后世风水形势说则以"千尺为势，百尺为形"作为外部空间设计的基准。

二、中国传统建筑中体现的绿色特征

（一）自然因素对建筑形态与构成的影响

自然因素在中国传统建筑的形态生成和发展过程中所起的作用和影响不尽相同，但总体上呈现出以下特征，即"被动地适应自然→主动地适应和利用自然→巧妙地与自然有机相融"的过程。

1.自然气候、生活习俗对建筑空间形态的影响。对传统建筑形态的影响分为两个主要因素，即自然因素和社会文化因素，人的需求和建造的可能性决定了传统建筑形态的形成和发展。在古代技术条件落后的情况下，建筑形态对自然条件有着很强的适应性,这种适应性是环境的限定结果,而不由人们的主观意识决定。不论东方和西方,远古和现代,自然中的气候因素、地形地貌、建筑材料条件均对建筑的源起、构成及发展起到最基本和直接的影响。[①]

(1)气候因素的影响:自然因素中最主要的是气候因素。我国从南到北跨越了五个气候区,热带、亚热带、暖温带、中温带和亚温带。东南方多雨,夏秋之间常有台风来袭;而北方冬春两季被强烈的西北风所控制,较干旱。由于地理、气候的不同,我国各地建筑材料资源也有很大差别。中原及西北地区多黄土,丘陵山区多产木材和石材,南方则盛产竹材。各地建筑因而也就地取材,形成了鲜明的地方特色。

(2)生活习俗因素的影响:传统民居的空间形态受地方生活习惯、民族心理、宗教习俗和区域气候特征的影响,其中气候特征对前几方面都产生一定的影响,同时也是现代建筑设计中最基本的影响因素,具有超越其他因素的区域共性。天气的变化直接影响了人们的行为模式和生活习惯,反映到建筑上,相应地形成了开放或封闭的不同的建筑空间形态。

(3)受自然因素影响的不同地域建筑的空间表现形态:巨大的自然因素差异导致不同地域建筑表现出独特的时空联系方式、组织次序和表现形式,从而形成了我国丰富多彩的传统建筑空间表现形态。

第一,高纬度严寒地区的民居。其建筑形态往往表现为严实敦厚、立面平整、封闭低矮,这些有利于保温御寒、避风沙的措施,是为了适应当地不利的气候条件。例如,藏族的碉楼。

第二,干热荒漠地区的居住建筑。形态表现为内向封闭、绿荫遮阳、实多虚少,通过遮阳、隔热和调节内部小气候的手法来减少高温天气对居住环境的不利影响。例如,新疆的阿以旺民居。

第三,气温宜人地区的居住建筑。此地区人们的室外活动较多,建筑在室内外之间常常安排有过渡的灰空间,如南方的"厅井式民居"就具备这种性质。灰空间除了具有遮阳的功效,也是人们休闲、纳凉、交往的场所。

第四,黄土高原地区的窑居建筑。除了利用地面以上的空间,传统建筑

---

① 肖毅.传统建筑文化的现代解读[J].2023(13):298—300.

还发展地下空间以适应恶劣气候,尤其在地质条件得天独厚的黄土高原地区,如陕北地区的窑居建筑。

第五,低纬度湿热地区的民居建筑。其建筑形态往往表现为峻峭的斜屋面和通透轻巧、可拆卸的围护结构,以及底部架空的建筑形式,例如,云南、广西的傣、侗族民居和吊脚楼民居,它们能很好地适应多雨、潮湿、炎热的气候特点。

(4)不同地区四合院的空间布局及院落特征:传统建筑常常通过建筑的围合形成一定的外部院落空间,即四合院,来解决自然采光、通风、避雨和防晒问题。但是南、北方的四合院在空间布局及院落特征上略有不同。

第一,南方四合院。其四面房屋多为楼房,而且在庭院的四个拐角处房屋是相连的,东、西、南、北四面的房屋并不独立存在。常见的江南庭院有如一"井",所以南方常将庭院称为"天井"。

第二,北方四合院。以北京四合院为代表,其中心庭院从平面上看基本为正方形,东、西、南、北四个方向的房屋各自独立,东西厢房与正房、倒座的建筑本身并不相连,而且正房、厢房、倒座等所有房屋都为一层,没有楼房,连接这些房屋的只是转角处的游廊。这样北京四合院从空中鸟瞰,就像是四个小盒子围合成的一个院落。

第三,其他地区的四合院。山西、陕西一带的四合院民居院落,是一个南北长而东西窄的纵长方形;四川等地的四合院的庭院又多为东西长而南北窄的横长方形。

这些不同地区的民居建筑都是对当地气候条件因素及生活习俗因素的形态反映和空间表现。因此,对传统建筑模式进行学习,首先是学习传统建筑空间模式对地域性特色的回应,以及不同地域建筑中符合"绿色"精神的建筑空间表达和传递的绿色思想和理念。

2.自然资源、地理环境对建筑构筑方式的影响。建筑构筑形态强调的是建造技术方面,它是通过建筑的实体部分,即屋顶、墙体、构架、门窗等建筑构件来表现的。建筑的构筑形态包括建筑材料的选择和其构筑方式。

(1)建筑材料的选择:建筑构筑技术首先表现在建筑材料的选择上。古人由最初直接选用天然材料(如黏土、木材、石材、竹等),发展到后来增加了人工材料(如瓦、石灰、金属等)的利用。传统民居根据一定的经济条件,因尽量选用各种地方材料而创造出了丰富多彩的构筑形态。

(2)建筑的构筑方式:木构架承重体系,是中国传统建筑构筑形态的一个重要特征,民居的木构架有抬梁式、穿斗式和混合式等几种基本形式,可根据基地特点进行灵活的调节,对于复杂的地形地貌具有很大的灵活性和适应性。因此,在当时的社会经济技术条件下,木构架体系具有很大的优越性。

第一,穿斗式木构架。这是中国古代建筑木构架的一种形式,这种构架以柱直接承檩,没有梁,原称作"穿兜架",后简化为"穿斗架"。穿斗式构架以柱承檩的做法,已有悠久的历史。在汉代画像石中就可以看到。穿斗式构架是一种轻型构架,屋顶重量较轻,防震性能优良。其用料较少,建造时先在地面上拼装成整榀屋架,然后竖立起来,具有省工、省料、便于施工和比较经济的优点。

第二,抬梁式木构架。这是在立柱上架梁,梁上又抬梁,也称叠梁式,是中国古代建筑木构架的主要形式,至少在春秋时就已经有了。这种构架的特点是在柱顶或柱网上的水平铺作层上,沿房屋进深方向架数层叠架的梁,梁逐层缩短,层间垫短柱或木块,最上层梁中间立小柱或三角撑,形成三角形屋架。相邻屋架间,在各层梁的两端和最上层梁中间小柱上架檩,檩间架椽,构成双坡顶房屋的空间骨架。房屋的屋面重量通过椽、檩、梁、柱传到基础(有铺作时,通过它传到柱上)。抬梁式使用范围广,在宫殿、庙宇、寺院等大型建筑中被普遍采用,更为皇家建筑群所选,是我国木构架建筑的代表。抬梁式构架所形成的结构体系,对中国古代木构建筑的发展起着决定性的作用,也为现代建筑的发展提供了可借鉴的经验。

(二)环境意象、视觉形态、审美心理及对建筑形态与构成的影响

建筑是一种文化现象,它受到人的感情和心态方面的影响,而人的感情和心态又是来源于特定的自然环境和人际关系。对建筑的审美心理属于意识形态领域的艺术范畴的欣赏。

　　对建筑美的欣赏可以分为从"知觉欣赏"到"情感欣赏"再上升到"理性欣赏"的三部曲,这是从感性认识到理性认识的过程,也是从简单的感官享受到精神享受的过程。即人们对于建筑环境的整体"意象"的知觉感受,如果符合人们最初的基本审美标准,就会认为建筑符合这个场所"永恒的环境秩序",人们会感受到身心的愉悦与认同,进而上升到思维联想的过程。

　　此外,建筑的视觉形态还会从心理上影响人们的舒适感觉,如南方民居建筑的用色比较偏好冷色,如灰白色系,冷色能够给人心理上的凉爽感,这是南方炎热地区多用冷色而少用暖色的根本原因之一。

第三章 绿色建筑设计的技术应用

第一节 绿色建筑的节地与节水技术

一、绿色建筑的节地技术

(一)土壤污染修复

按照《建设用地土壤污染风险管控和修复监测技术导则》的规定,土壤污染修复可按照以下流程进行操作。

1.地块土壤污染状况调查监测。这一环节的主要工作是采用监测手段识别土壤、地下水、地表水、环境空气、残余废弃物中的污染物及水文地质特征,并全面分析、确定地块的污染物种类、污染程度和污染范围。

2.地块治理修复监测。这一环节的主要工作是针对各项治理修复技术措施的实施效果所开展的相关监测,包括治理修复过程中涉及环境保护的工程质量监测和二次污染物排放的监测。

3.地块修复效果评估监测。这一环节的主要工作是考核和评价治理修复后的地块是否达到已确定的修复目标及工程设计所提出的相关要求。

4.地块回顾性评估监测。经过地块修复效果评估后,这一环节主要的工作是在特定的时间范围内,为评价治理修复后地块对土壤、地下水、地表水及环境空气的环境影响所进行的监测,同时也包括针对地块长期原位治理修复工程措施效果开展的验证性监测。

(二)交通设施设计

交通设施设计又称"交通组织",是指为解决交通问题所采取的各种软措施的总和,具体包括以下四个方面:①城市道路系统、公交站点及轨道站点等的布局位置及服务覆盖范围;②道路系统、公交站点及轨道站点等与建筑之间的衔接方式,包括步行道路、人行天桥、地下通道等;③公共场地出入口的位置、样式、方向等;④公共场地出入口与建筑入口之间的交通形式布设及安排等。

二、绿色建筑的节水技术

(一)给水系统

建筑给水系统是将城镇给水管网或自备水源给水管网的水引入室内,选用适用、经济、合理的最佳供水方式,经配水管送至室内各种卫生器具、水龙头嘴、生产装置和消防设备,并满足用水点对水量、水压和水质要求的冷水供应系统。

室内给水方式是指建筑内部给水系统的供水方式。一般根据建筑物的性质、高度、配水点的布置情况以及室内所需压力、室外管网水压和配水量等因素,通过综合评判法确定建筑内部给水系统的布置形式。给水方式的基本形式有以下两类:①依靠外网压力的给水方式,可分为直接给水方式和设水箱的给水方式两种;②依靠水泵升压的给水方式,可分为设水泵的给水方式、设水泵水箱的给水方式、气压给水方式和分区给水方式四种。其中,根据各分区之间的关系,分区给水方式又可分为水泵串联分区给水方式、水泵并联给水方式和减压分区给水方式。

(二)热水供应系统

热水供应系统按热水供应范围,可分为局部热水供应系统、集中热水供应系统和区域热水供应系统。热水供应系统的组成因建筑类型和规模、热源情况、用水要求、加热和贮存设备的情况、建筑对美观和安静的要求等不同情况而异。典型的集中热水供应系统主要由热媒系统(第一循环系统)、热水供水系统(第二循环系统)、附件三部分组成。其中,热媒系统由热源、水加热器和热媒管网组成;热水供水系统由热水配水管网和回水管网组成;

附件包括蒸汽、热水的控制附件及管道的连接附件,如温度自动调节器、疏水器、减压阀、安全阀、自动排气阀、膨胀罐、管道伸缩器、闸阀、水嘴等。

(三)超压出流控制

超压出流是指给水配件阀前压力大于流出水头,单位时间内的出水量超过确定流量的现象。超压出流现象出现于各类型建筑的给水系统中,尤其是高层及超高层的民用建筑。在进行给水系统设计时,应采取措施控制超压出流现象,合理进行压力分区,并适当地采取减压措施,避免造成浪费。目前,常用的减压装置有减压阀、减压孔板、节流塞三种。

第二节　绿色建筑的节能与节材技术

在建造绿色建筑时,使用节能与节材技术可以有效提高能量利用率。

一、绿色建筑的节能技术

下面以门窗和屋面为例,介绍绿色建筑的节能技术。

(一)绿色建筑门窗节能技术

1.控制窗墙面积比。通常窗户的传热热阻比墙体的传热热阻要小得多,因此建筑的冷热耗量随窗墙面积比的增加而增加。作为建筑节能的一项措施,要求在满足采光通风的条件下确定适宜的窗墙比。需要注意的是,因全国不同地区气候条件各不相同,窗墙比数值应按各地方建筑规范予以计算。

2.提高窗户的隔热性能。窗户的隔热就是要尽量阻止太阳辐射直接进入室内,减少对人体与室内的热辐射。提高外窗特别是东、西外窗的遮阳能力,是提高窗户隔热性能的重要措施。在窗户外侧固定设施以达到遮阳效果的举措有增设外遮阳板、遮阳棚,适当增加南向阳台的挑出长度等。在窗户内侧设置装置以达到遮阳效果的举措有设置窗帘、百叶、热反射帘、自动卷帘等。

3.提高门窗的气密性。在绿色建筑设计中,应尽可能减少门窗洞口,加强门窗的密闭性。例如,可以在出入频繁的大门处设置门洞,并使门洞避开主导风向。此外,当窗户的密封性能达不到节能标准要求时,应当采取适当的密封措施,如在缝隙处设置橡皮、毡片等制成的密封条或密封胶,提高窗户的气密性。

4.选用适宜的窗型。门窗是实现和控制自然通风最重要的建筑构件。首先,门窗安装的方式对室内自然通风具有很大的影响。门窗的开启有挡风或导风作用,安装得当可以提高室内空气通风效果。从通风的角度考虑,门窗的相对位置以贯通为好,尽量减少气流的迁回和阻力。其次,中悬窗、上悬窗、立转窗、百叶窗都可起调节气流方向的作用。

(二)绿色建筑屋面节能技术

1.倒置式保温屋面。倒置式屋面是将传统屋面构造中的保温层与防水层颠倒,把保温层放在防水层的上面,可以对防水层起到屏蔽和保护的作用,使之不受阳光和气候变化的影响,避免来自外界的机械损伤。这是一种值得推广的保温屋面。倒置式屋面的结构如图3-1所示。

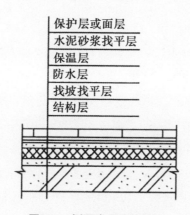

图3-1 倒置式屋面的结构

2.蓄水屋面。蓄水屋面是指在屋面防水层上蓄一定高度的水,起到隔热的作用。其原理是在太阳辐射和室外气温的综合作用下,水能吸收大量的热而由液体蒸发为气体,从而将热量散发到空气中,减少了屋盖吸收的热能,起到隔热和降低屋面温度的作用。蓄水屋面的结构如图3-2所示。

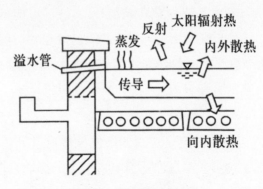

图3-2　蓄水屋面的结构

二、绿色建筑的节材技术

下面以用料、结构和装修为例,介绍绿色建筑的节材技术。

(一)绿色建筑用料节材技术

1.采用高强度建筑钢筋。我国城镇建筑主要是采用钢筋混凝土建造的,钢筋用量很大。一般来说,在相同的承载力下,强度越高的钢筋在钢筋混凝土中的配筋率越低。相比于HRB335钢筋,以HRB400为代表的钢筋具有强度高、韧性好和焊接性能优良等特点,应用于建筑结构中具有明显的技术、经济优势。经测算,用HRB400钢筋代替HRB335钢筋,可以节省10%—14%的钢材,用HRB400钢筋代换小直径的HPB235钢筋,则可以节省40%以上的钢材;使用HRB400钢筋还可以改善钢筋混凝土结构的抗震性能。由此可见,HRB400等高强度钢筋在绿色建筑中的应用,可以明显节约钢材资源。

2.采用强度更高的水泥及混凝土。我国每年混凝土用量非常多,混凝土的作用主要是用来承重,其强度越高,同样截面积承受的重量就越大;反过来说,承受相同的重量,强度越高的混凝土,它的横截面积就可以做得越小,即混凝土柱、梁等建筑构件可以做得越细。因此,在绿色建筑中采用强度高的混凝土可以节省混凝土材料。

3.采用商品混凝土和商品砂浆。商品混凝土是指由水泥、砂石、水以及根据需要掺入的外加剂和掺合料等组分按一定比例在集中搅拌站经计量、拌制后,采用专用运输车,在规定时间内,以商品形式出售,并运送到使用地点的混凝土拌合物。我国目前商品混凝土用量仅占混凝土总量的30%左右,而且我国商品混凝土整体应用比例低下,导致大量的自然资源浪费。因为相比于商品混凝土的生产方式,现场搅拌混凝土要多损耗水泥10%—15%,多消耗砂石5%—7%。商品混凝土的性能稳定性也比现场搅拌好得多,这对于保证混凝土工程的质量十分重要。

商品砂浆也称预拌砂浆,是指由专业生产厂生产的砂浆拌合物,包括湿拌砂浆和干混砂浆两大类。相比于现场搅拌砂浆,商品砂浆的应用可以明显减少砂浆用量。对于多层砌筑结构,若使用现场搅拌砂浆,每平方米建筑面积使用砌筑的砂浆量为0.20立方米,而使用商品砂浆则仅需要0.13立方米,可节约35%的砂浆量;对于高层建筑,若使用现场搅拌砂浆,每平方米建筑面积使用抹灰的砂浆量为0.09立方米,而使用商品砂浆则仅需要0.038立方米,可节约58%的砂浆量。目前,我国的建筑工程量巨大,世界上几乎50%的水泥消耗在我国,但是我国商品砂浆年用量却很少。因此,在绿色建筑中采用商品混凝土和商品砂浆可以节省混凝土材料。

4.采用散装水泥。散装水泥是相对于传统的袋装水泥而言的,是指水泥从工厂生产出来之后不用任何小包装直接通过专用设备或容器从工厂运输到中转站或用户手中。因此,在绿色建筑中采用散装水泥可以节省混凝土材料。

5.采用专业化加工配送的商品钢筋。专业化加工配送的商品钢筋是指在工厂中把盘条或直条钢线材用专业机械设备制成钢筋网、钢筋笼等钢筋成品,直接销售到建筑工地,从而实现建筑钢筋加工的工厂化、标准化以及建筑钢筋加工配送的商品化和专业化。由于能同时为多个工地配送商品钢筋,钢筋可以进行综合套裁,废料率约为2%,而工地现场加工的钢筋废料率约为10%。

现行混凝土结构建筑工程施工主要分为混凝土、钢筋和模板三个部分。近几年,商品混凝土配送和专业模板技术发展得很快,而钢筋加工部分发展得很慢,钢筋加工生产远远落后于另外两个部分。我国建筑用钢筋长期以来依靠人力进行加工,随着一些国产简单加工设备的出现,钢筋加工才变为半机械化加工方式,加工地点主要在施工工地。这种施工工地现场加工的传统方式,不仅劳动强度大,加工质量和进度难以保证,而且材料浪费严重,加工成本高,安全隐患多、占地多、噪声大。因此,提高建筑用钢筋的工厂化加工程度,实现钢筋的商品化专业配送,是绿色建筑的必然发展趋势。

(二)绿色建筑结构节材技术

1.房屋的基本构件。每一栋独立的房屋都是由各种不同的构件有规律按序组成的,这些构件从其承受外力和所起作用上看,大体可以分为结构构件和非结构构件两个类别。

(1)结构构件:结构构件是起支撑作用的受力构件,如板、梁、墙、柱。这些构件的有序结合,可以组成不同的结构受力体系,如框架、剪力墙等,用来承担各种不同的垂直、水平荷载以及产生各种其他作用。

(2)非结构构件:非结构构件是对房屋主体不起支撑作用的自承重构件,如轻隔墙、幕墙、吊顶、内装饰构件等。这些构件可以自成体系和自承重,但一般条件下均视其为外荷载作用在主体结构上。

2.建筑结构节材技术。

(1)砌体结构:砖块不能直接用于形成墙体或其他构件,必须将砖和砂浆砌筑成整体的砖砌体,才能形成墙体或其他结构。在绿色建筑中采用砌体结构的优点是能够就地取材,价格比较低廉,施工比较简便。缺点是结构强度比较低,自重大,比较笨重,建造的建筑空间和高度都受到一定的限制。

(2)钢筋混凝土结构:在绿色建筑中采用钢筋混凝土结构的优点是材料中的主要成分可以就地取材,混合材料配置合理,结构整体强度和延展性都比较高,其创造的建筑空间和高度都比较大,也比较灵活,造价适中,施工比较简便;缺点是结构自重相对于砌体结构虽然有所改进,但还是相对偏大,结构自身的回收率也比较低。

(3)钢结构:钢结构的材料主要为各种性能和形状的钢材。在绿色建筑中采用钢结构的优点是结构轻质,能够创造很大的建筑空间和高度,整体结构也有很高的强度和延伸性,符合现有技术条件下大规模工业化生产的需要,施工快捷方便,结构自身的回收率也很高。缺点是在当前条件下造价相对比较高,工业化施工水平也有比较高的要求,在大面积推广的道路上,还有一段路程要走。

(三)绿色建筑装修节材技术

对建筑一次性装修到位,不仅有助于节约,而且可以减少污染和重复装修带来的扰邻纠纷,还有助于保持房屋寿命。一次性整体装修可选择菜单模式(也称模块化设计模式),即由房地产开发商、装修公司、购房者商议,根据不同户型推出几种装修菜单供住户选择。住户只需要从模块中选出中意的客厅、餐厅、卧室、厨房等模块,设计师即刻就能进行自由组合,然后综合色彩、材质、软装饰等环节,统一整体风格,降低设计成本。

第三节 绿色建筑的室内外环境控制技术

一、绿色建筑的室内环境控制技术

绿色建筑的室内环境包括室内声环境、室内光环境、室内热湿环境和室内空气质量,其控制技术自然是对以上四种室内环境的控制技术。下面以绿色住宅为例,对绿色建筑的室内环境控制技术进行介绍。

(一)室内声环境的控制

随着城市化进程的进一步加快,噪声已成为现代化生活中不可避免的副产品。建筑声环境质量保障的主要措施是对振动和噪声的控制,以创造一个良好的室内外声环境。

1.环境噪声的控制。确定噪声控制方案的基本步骤具体如下。

首先,对噪声现状进行调查,以确定噪声的声压级,同时了解噪声产生的原因及周围的环境情况。其次,结合噪声现状与相关的噪声允许标准,确定所需降低的噪声声压级数值。最后,结合具体的需要和可能,采取综合的降噪措施。

2.建筑群及建筑单体噪声的控制。

(1)优化总体规划设计:在建筑规划设计中,可以采用缓和交通噪声的设计和技术方法,从声源入手,标本兼治,主要治本。在居住区的外围不可避免地会有交通,可以通过控制车流量来减少交通噪声。对于居住区的建设,在确定其用地前应从声环境的角度论证其可行性,并把噪声控制作为居住区建设项目可行性研究的一个方面,列为必要的基建程序。在绿色建筑建成后,环境噪声是否达到标准,应作为验收的一个项目。

(2)临街布置对噪声不敏感的建筑物:临街布置对噪声不敏感的建筑物作为"屏障",可以降低噪声对居住区的影响。对噪声不敏感的建筑物是指本身无防噪要求的建筑物(如商业建筑),以及虽有防噪要求但外围护结构有较好的防噪能力的建筑物(如有空调设备的宾馆)。

(3)在住宅平面设计与构造设计中提高防噪能力:如果缓和噪声的措施未能达到规范所规定的噪声标准,那么用住宅围护阻隔的方法减弱噪声是一种行之有效的方法。在设计绿色住宅之前,应综合考虑建筑物防噪间距、朝向选择及平面布置等方面。在防噪的平面设计中优先保证卧室安宁,即沿街单元式住宅力求将主要卧室布置在背向街道一侧,住宅靠街的那一面布置住宅中的辅助用房,如楼梯间、储藏室、厨房、浴室等。若上述条件难以满足,可以利用临街的公共走廊或阳台,进行隔声减噪处理。

(4)建筑内部的隔声:建筑内部的噪声主要是通过墙体和楼板传播的,可以通过提高建筑物内部构件(墙体和楼板)的隔声能力来减弱噪声。

(二)室内光环境的控制

充足的天然采光有利于降低人工照明能耗,有利于降低生活成本,还有利于居住者的生理和心理健康。绿色住宅在进行采光设计时需要注意很多问题,主要涉及以下方面。

1.采光的数量。在设计室内光环境时,能否取得适当量的太阳光需要进行估算,计算出采光系数。采光系数指的是在全阴天空下,太阳光在室内给定平面上某点产生的照度与同一时间、同一地点和同样的太阳光状态下在室外无遮挡水平面上产生的照度之比。此外,太阳光在室内给定平面上某点产生的照度会直接影响室内采光。照度由三部分光产生,即天空漫射光、周围建筑或遮挡物的太阳反射光和光线通过窗户经室内各个表面反射落在给定平面上的光。这三部分的光都可以用简单的图表进行计算。

根据《建筑采光设计标准》的规定,各采光等级参考平面上的采光标准值应符合下表3-1的规定。

表3-1　各采光等级参考平面上的采光标准值

采光等级	侧面采光		顶面采光	
	采光系数标准值(%)	室内天然光照度标准值(lx)	采光系数标准值(%)	室内天然光照度标准值(lx)
I	5	750	5	750
II	4	600	3	450
III	3	450	2	300
IV	2	300	1	150
V	1	150	0.5	75

注:①工业建筑参考平面取距地面1米,民用建筑取距地面0.75米,公用场所取地面;②表中所列采光系数标准值适用于我国III类光气候区,采光系数标准值是按室外设计照度值15000lx制定的;③采光标准的上限值不宜高于上一采光等级的级差,采光系数值不宜高于7%。

2.采光的质量。采光的质量是健康光环境重要的基本条件,包括采光均匀度和窗眩光的控制。

第一,采光均匀度是假定工作面上的最小采光系数和平均采光系数之比。根据《建筑采光设计标准》的规定,顶部采光均匀度不小于0.7,对侧面采光不做规定。因为侧面采光取的采光系数为最小值,如果通过最小值来估算采光均匀度,一般情况下均能超过国家规定的侧面采光均匀度不小于0.3的要求。

第二,采光引起的眩光主要来自太阳的直射眩光和从抛光表面反射而来的眩光。窗眩光是影响健康光环境的主要眩光源。目前,对采光引起的眩光还没有一种有效的限定指标。对于健康的室内光环境,为避免人的视野中出现由强烈的亮度对比产生的眩光,可以遵守一些常用的原则,即被视的目标(物体)和相邻表面的亮度比应不小于1:3,这一目标与远处物体表面的亮度比不小于1:10。在设计采光时,应采取下列减小窗的不舒适眩光的措施:作业区应减少或避免直射阳光;工作人员的视觉背景不宜为窗口;可以采用室内外遮挡设施;窗结构的内表面或窗周围的内墙面宜采用浅色饰面。

3.采光材料。玻璃幕墙、棱镜玻璃、特殊镀膜玻璃等现代采光材料的使用,对改善采光质量有一定作用。但是,因光反射引起的光污染也非常严重,尤其在商业中心和居住区,处在路边的玻璃幕墙上的太阳光经反射会在道路上或行人中形成强烈的眩光刺激。①要想克服这种眩光,可以通过改变玻璃幕墙方向来实现。

4.采光形式。目前,采光形式主要有侧面采光、顶部采光和两者均有的混合采光。随着城市建筑密度的不断增加,高层建筑越来越多,相互挡光比较严重,直接影响了采光量,很多办公建筑和公共图书馆靠白天开灯来弥补采光不足,造成供电紧张。在设计绿色住宅时,可以选用天井、采光井、反光镜装置等内墙采光方式,以补充外墙采光的不足,还要避免太阳的直射光和耀眼的光斑。

(三)室内热湿环境的控制

室内热湿环境指的是由室内空气温度、相对湿度、空气流速及围护结构辐射温度等因素综合作用形成的室内环境,是建筑环境中最主要的内容。绿色住宅的热湿环境保障技术主要包括两种:主动式环境保障技术和被动式保障技术。

1.主动式保障技术。主动式环境保障就是依靠机械和电气等设备,创造一种扬自然环境之长、避自然环境之短的室内环境。主动式环境保障技术主要有冷却塔供冷系统、蓄冷低温送风系统、去湿空调系统三种。

(1)冷却塔供冷系统:冷却塔供冷系统是指在室外空气温度较低时,利用流经冷却塔的循环水直接或间接地向空调系统供冷,而无须开启冷冻机来提供建筑物所需要的冷量,从而节约冷水机组的能耗,达到节能的目的的一种技术。冷却塔供冷系统是近年来国外发展较快的节能技术。

(2)蓄冷低温送风系统:作为蓄冷系统的一类,蓄冷低温送风系统目前已经在空调设计中有所应用,它虽然对用户起不到节能的作用,但能平衡市区用电负荷,提高发电效率。

①张海深.玻璃幕墙装饰施工技术探析[J].环球市场,2017(14):1.

（3）去湿空调系统：去湿空调系统的原理很简单，室外新风先经过去湿转轮，由其中的固体去湿剂进行去湿处理，然后经过第二个转轮（热回收转轮），与室内排风进行全热或显热交换，回收排风能量。经过去湿降温的新风再与回风混合，经表冷器处理（此时表冷器处理基本上已是干冷过程）后送入室内。

2.被动式保障技术。被动式环境保障就是利用建筑自身和天然能源来保障室内环境品质。用被动式措施控制室内热湿及生态环境，主要是控制太阳辐射和利用自然通风。

（1）控制太阳辐射：控制太阳辐射所采取的具体措施包括选用节能玻璃窗；采用通风窗技术，将空调回风引入双层窗夹层空间，带走由日射引起的中间层空气温度升高后的对流热量；利用建筑物中庭，将昼光引入建筑物内区；利用光导纤维将光能引入内区，而将热能摒弃在室外；设建筑外遮阳板，可以将外遮阳板与太阳能电池（也称光伏电池）相结合，降低空调负荷，为室内照明提供补充能源。

（2）利用自然通风：自然通风远不是开窗那么简单，尤其是在建筑密集的大城市中，利用自然通风要很好地分析其不利条件，应该因时、因地制宜，要权衡得失，趋利避害。

在实施自然通风时，应采取如下步骤：①了解建筑物所在地的气候特点、主导风向和环境状况；②根据建筑物功能以及通风的目的，确定所需要的通风量；③设计合理的气流通道，确定入口形式（如窗和门的尺寸以及开启、关闭方式）、内部流道形式（如中庭、走廊或室内开放空间）、排风口形式（如中庭顶窗开闭方式、气楼开口面积、排风烟囱形式和尺寸等）；④必要时，可以考虑采用自然通风结合机械通风的混合通风方式，考虑设置自然通风通道的自动控制和调节装置等设施。

（四）室内空气质量的控制

室内空气质量是室外空气质量、建筑围护结构的设计、通风系统的设计、污染物源及其散发强度等一系列因素作用下的结果。要想减少室内污染物，可以采取如下措施。

1.通风换气。预防室内环境污染,首先应尽可能改善通风条件,降低空气污染的程度。开窗通风能使室内污染物的浓度显著降低。

2.选择合格的建筑材料和家具。要想从根本上消除室内污染,必须消除污染源。除了开发商在建造房屋时要选择合格的材料以外,住户在装修房子时也要选用环保材料,找正规的装修公司装修。

3.室内盆栽。绿色植物对居室的空气具有很好的净化作用。家具和装修所产生的VOC(Volatile Organic Compounds,挥发性有机物)有害物质吸附和分解速度慢,作用时间长。为创造一个良好的室内环境,可以在室内摆放盆栽花木,有些绿色植物是清除装修污染的"清道夫",如芦荟、吊兰、常春藤、无花果、月季、仙人掌等。

二、绿色建筑的室外环境控制技术

这里主要以室外热环境为研究对象,介绍绿色建筑的室外环境控制技术。绿色建筑的设计应该遵循"气候—舒适—技术—建筑"的过程。

室外热环境规划设计的具体步骤如下:①调研设计地段的各种气候地理数据,如温度、湿度、日照强度、风向风力、周边建筑布局、周边绿地水体分布等对地块环境构成影响的气候地理要素;②评价各种气候地理要素对区域环境的影响;③采用技术手段解决气候地理要素与区域环境要求的矛盾;④结合特定的地段,区分各种气候要素的重要程度,采取相应的技术手段进行建筑设计,寻求最佳设计方案。

室外热环境控制技术的实施方式有地面铺装、设置绿化、设置遮阳构件三种:①地面铺装。按照透水性能,地面铺装可以分为透水铺装和不透水铺装。这里以不透水铺装中的水泥、沥青为例做介绍。水泥、沥青地面具有不透水性,没有潜热蒸发的降温效果。水泥、沥青地面吸收的太阳辐射一部分通过导热与地下进行热交换,另一部分以对流形式释放到空气中,其他部分与大气进行长波辐射交换。这样一来,绿色建筑室外热环境可以被很好地调节;②设置绿化。绿地是塑造宜居室外环境的有效途径,对室外热环境的影响很大。绿化植被和水体具有降低气温、调节湿度、遮阳防晒、改善通风质量的作用,从而改善室外热环境;③设置遮阳构件。这里主要介绍人工遮阳构件,如遮阳伞、百叶遮阳。其中,遮阳伞是现代城市公共空间中最常见、方便的遮阳措施。很多商家在进行室外活动时,往往利用巨大的遮阳伞来遮挡夏季强烈的阳光。百叶遮阳的优点在于通风效果较好,可以降低其表面温度,改善环境舒适度;通过合理设计百叶的开关角度,利用冬、夏太阳高度角的区别,可以更合理地利用太阳能。

第四章 可再生能源利用与空气、雨污水的再利用技术

第一节 被动式太阳能利用

一、被动式太阳能建筑发展概况

人类所使用的能源主要来自太阳能——太阳光辐射的能量。广义上的太阳能是当今地球上许多能量的来源,狭义的太阳能则限于太阳辐射能量中光热、光电和光化学直接转换的范畴。在使用方式上,人们除了直接利用太阳的辐射能外,还大量间接使用太阳能如煤、石油、天然气等。此外,生物质能、风能等也都由太阳能经过某些方式转换而成。相对于常规能源,太阳能具有广泛性、持久性、绿色性等显著的优势。

太阳能建筑是指把太阳能的热(辐射)收集起来利用,与建筑的能源消耗相合的一种建筑类型。一般通过建筑朝向的适宜布局、周围环境的合理利用、内部空间优化组合和外部形体的适当处理等方式,对太阳能进行有效的集取—贮存—转化—分配,这便是使用太阳热能的过程。

我国有着丰富的太阳能资源,在长期的生产与生活实践中,许多地区积累了丰富的太阳能的热利用经验。例如,北方农村的传统住宅多为南北朝向、南向多窗而北向少窗,并采用厚墙、厚屋顶等构造方式,这些建筑形式特征和构造措施都与现代被动式太阳能建筑的设计原则相一致。再如我国陕北地区黄土高原上的窑洞建筑也是很好的被动式太阳能建筑的实例。值得注意的是,过去认为东北地区纬度高,气候严寒,加之太阳能来源密度较小,

不适宜发展太阳能建筑,但事实上,由于东北地区建筑的外围护结构保温较好,采暖供煤标准高,因此使用普通的太阳能利用技术就能取得较为明显的供暖效果。

当代社会,由于人们对舒适的建筑室内环境的追求越来越高,导致建筑供暖和供冷的能耗日益增长,发达国家建筑用能已占全国总能耗的近一半,对可持续发展形成严重的威胁。这种情形下,太阳能无疑是一种非常宝贵的可再生能源。作为世界上能量消耗最大的国家,美国通过了《节约能源房屋建筑法规》等鼓励新能源利用的法律文件,同时在经济上采取有效的鼓励机制。我国也已制定《可再生能源法》,鼓励建筑行业对可再生能源——太阳能的利用。

但是,太阳能作为一种可再生能源在太阳能建筑的利用过程中也存在着不足。一方面是太阳能能源自身的客观缺陷:①低密度。太阳辐射尽管波及全球,但入射功率却很小。正午垂直于太阳光方向所接受的太阳能在海平面上的标准峰值强度只有$1kW/m^2$。因此要保证利用效率,就需要较大面积的太阳能收集设备,这带来一系列材料、土地、前期投资等问题;②不稳定。就某一固定点而言,太阳的入射角与方位角每时每刻发生着变化,一天内太阳辐射量浮动也很大,其强度受各种因素如季节、地点、气候等的影响不能维持常量。另一方面是对太阳能建筑一体化设计主观意识的匮乏。如何使得太阳能构件产品在保证功能性的前提下与建筑完美结合,在建筑构件化的基础上做到模数化、系列化及多元化,并促进太阳能设备多元化产品的开发将是建筑学领域及相关太阳能热利用领域的共同命题。

上述太阳能的客观缺陷虽然影响其有效利用与大规模普及,但并不能扭转太阳能建筑及一体化的发展趋势。针对每一个具体的项目,结合当地气候环境采取特定的适宜性对策,是设计太阳能建筑的前提,只有在建筑师与专业人员的密切配合下,采取与建筑一体化的整合设计,使太阳能设备成为太阳能建筑不可分割的建筑构件,才能创造出多姿多彩的实用型太阳能建筑。随着太阳能系统科技内涵的增加,太阳能建筑将呈现更加理性的外观和表现力。未来的太阳能建筑应是将多项先进能源技术集成在一起的生态环保系统。

二、日照规律及其与建筑的关系

太阳日照规律是进行任何建筑设计时都需要考虑的外部环境因素之一。为使太阳能利用效率最大化的同时能够获得舒适的室内热环境,这就要求一方面合理地设置太阳能收集体系,使太阳能建筑在冬季尽可能多地接收到太阳辐射热。另一方面还应减少太阳在运行过程中对室内热环境稳定性产生的不利影响,控制建筑围护结构的热损失。这两方面相辅相成。因此,我们有必要了解一下太阳基本的日照规律以及太阳能建筑的布局要点。

(一)我国太阳能资源

我国地处北半球欧亚大陆的东部,属于温带和亚热带气候区,拥有比较丰富的太阳能资源。我国幅员辽阔,受气候和地理等条件的影响,太阳能资源分布具有明显的地域性。特别是随着大气污染的日益严重,各地的太阳辐射量呈下降趋势。以太阳能辐射量为依据将中国划分为四个太阳能资源区(带):①太阳能丰富区。在内蒙古中西部、青藏高原等地,年总辐射在 $6700MJ/(m^2 \cdot a)$。太阳能的高值中心和低值中心都处在北纬 $22° \text{—} 35°$ 这一带。青藏高原是高值中心,而四川盆地是低值中心;②太阳能较丰富区。内蒙古东部等地,年总辐射约 $5400 \text{—} 6700MJ/(m^2 \cdot a)$。太阳年辐射总量的分布规律是西高东低,南高北低(除西藏和新疆两个自治区外);③太阳能可利用区。分布在长江下游、两广、贵州南部和云南及松辽平原,年总辐射量为 $4200 \text{—} 5400MJ/(m^2 \cdot a)$。由于南方多数地区多云多雨,在北纬 $30° \text{—} 40°$ 地区范围内,太阳能的分布情况与一般的太阳能随纬度升高而降低的规律相反,随着纬度的升高而增长;④太阳能贫乏区。主要位于我国东北地区,年总辐射量小于 $4200MJ/(m^2 \cdot a)$。尽管如此,本地区仍然是太阳能利用行之有效的区域。

总体而言,与同纬度的其他国家相比,我国绝大多数地区的太阳能资源相当丰富(除四川盆地及其毗邻地区外),比日本、欧洲条件优越得多。特别是青藏高原的西部和东南部地区,其太阳能资源接近世界上著名的撒哈拉大沙漠。

(二)日照规律

1. 太阳辐射机制与辐射量。太阳是以辐射的方式不断地向地球供给能量。太阳辐射的波长范围很广,绝大部分能量的波长集中在0.15—4μm之间,约占太阳辐射总能的99%。其中可见光区(波长在0.4—0.96μm之间)占太阳辐射总能的50%,红外线区(波长>0.76μm)占太阳辐射总能的43%,紫外线区(波长<0.4μm)占太阳辐射总能的7%。太阳辐射在进入地球表面之前通过大气层时,太阳能一部分被反射回宇宙空间,另一部分被吸收或被散射的过程称作日照衰减。例如,在海拔150千米上空,太阳辐射能量保持在100%;当到达海拔88千米上空时,X射线几乎全部被吸收并吸掉部分紫外线;当光线更深地穿入大气层到达同温层时,紫外线辐射被臭氧层中的臭氧吸收,即臭氧对地球环境起到保护性的屏蔽作用。当太阳光线穿入更深、更稠密的大气层时,气体分子会改变可见光的传播方向,使之朝各个方向散射。由对流层中的尘埃和云的粒子进一步对太阳光进行散射称为漫散射,散射和漫散射使一部分能量再次逸出到地球外部空间,一部分能量则向下传到地面。图4-1表示各种能量损失的情况,从中我们可以发现,太阳辐射能在进入大气层到地球表面的过程中,真正被地面吸收的太阳辐射能量仅占总能量的1/20以下。

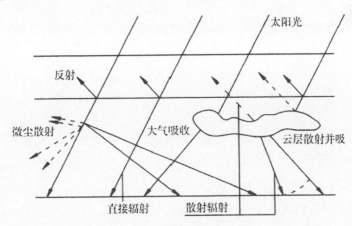

图4-1　大气对太阳辐射的影响

2. 日照变化。地球不停地自转,并且围绕太阳不停进行公转。因此太阳对地球上每一地点、每一时刻的日照都在有规律地发生变化。除公转外,使地球产生昼夜交替的自转是地球与黄道面成23°27′(南北回归线)的倾斜运动,其入射到地面的交角也在发生着变化。当日照光线与地面接近垂直时,该地区进入盛夏;当日照光线与地面有较大倾角时,该地区进入冬季。日照计算时常采用夏至日及冬至日两天的典型日照为依据,如图4-2。每年的6月22日(夏至),地球自转轴的北端向公转轴倾斜成23°27′。这天北半球日照时间最长,照射面积也最大。而每年的12月22日(冬至),地球赤道以北地区偏离公转轴23°27′,这天北半球日照时间最短,照射面积最小。赤道以南地区的季节交替恰好与北半球相反。

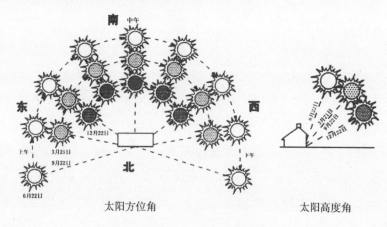

太阳方位角 太阳高度角

图4-2 太阳的方位角与高度角

太阳高度角γ_h和太阳方位角α可用下式计算:

$$\sin\gamma_h = \sin\Phi\sin\delta + \cos\Phi\cos\delta\cos\omega$$

$$\sin\alpha = \cos\delta\sin\omega / \cos\gamma_h \text{或} \sin\alpha = \left(\sin\gamma_h\sin\Phi - \sin\delta\right)/\cos\gamma_h\cos\Phi$$

式中:Φ——当地地理纬度;

δ——计算日赤纬角(冬至日=23°27′);

ω——计算时角(正午$\omega=0°$,每小时变化15°,正午前为负,正午后为正)。

3.日照与太阳能建筑的关系。

(1)方位:我们可以从以下三个方面分析研究太阳光入射方位与建筑物的相互关系。

一是方位与日照辐射量。不同纬度(Φ)的地区,在不同的季节(用赤纬角δ表示),正午太阳高度角γ_h(日最大太阳高度角)存在以下关系:

$$\gamma_h = 90° - (\Phi - \delta)$$

图4-2给出了不同$(\Phi-\delta)$值下各朝向垂直面的相对辐照量,即各朝向垂直面的辐照量与南向垂直面辐照量的比值。对于以冬季采暖为主的较高纬度地区,建筑的方位应在南向30°以内,并且在15°以内较好。

二是方位与日照时间。根据地球的运行规律与冬、夏季日出至日落,全天太阳方位角的变化范围不同,从日照的时间因素来看,太阳能建筑的方位朝南及略偏东或偏西比较合适。

三是方位与室温波动。冬季室外最低气温出现于早晨7时,最高气温出现于午后。因为午后室外气温及日射辐照量均较大,太阳能建筑若偏西则会导致全天热负荷不均,室温变化较大。因此,为使室内热环境波动较小,太阳能建筑的方位以南略偏东为宜。

(2)间距:为保证太阳能建筑的集热部分不被其南向建筑物遮挡,必须与其之间留有一定的距离,此间距称为太阳能建筑的日照间距,一般取冬至日作为计算日。因为冬至日时太阳的入射角最大,若能保证太阳房在日照时间内不被其前方建筑物遮挡,则其他时间均能满足日照间距的要求。图4-3所示为位于平坦地面上朝向偏东的太阳能建筑,其前方建筑物高度为h,若使正午n小时内太阳房勒脚下的P点以上墙面的阳光不被前方建筑物遮挡,就必须满足正午前n小时前方建筑物的阴影落在P点,通过P点作墙面的法线Pn,正南方向线PS,则Pα即其日照间距S,S值可按下式计算:

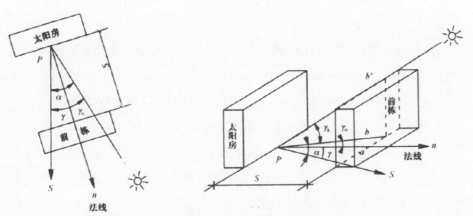

图4-3 日照间距示意图(左)平面(右)空间

$$S = h_0 \cot \gamma_h \cos \gamma_0$$

式中：h_0——前栋建筑物的计算高度（m）；

γ_h——计算时刻的太阳高度角（°）；

γ_0——计算时刻太阳光线在水平面上的投影与垂直墙面法线之间的夹角（°），γ_0与太阳方位角α及墙面的方位角关系如图4-4所示。

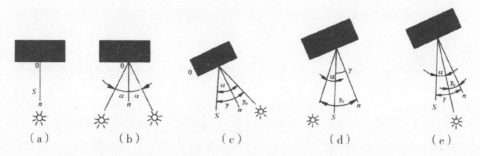

（a）$\gamma_0=0$，$\gamma=0$，$\alpha=0$；（b）$\gamma_0 \approx a$，$\gamma=0$；（c）$\gamma_0=\alpha-\gamma$；（d）$\gamma_0=\gamma+\alpha$；（e）$\gamma_0=\gamma-\alpha$

图4-4　朝向与方位角

三、被动式太阳能建筑成功的关键

被动式太阳能建筑是指不需要专门的集热器、热交换器、水泵或风机等主动式太阳能采暖系统中所必需的设备，侧重通过合理布置建筑方位、加强围护结构的保温隔热措施、控制材料的热工性能等方法，利用传导、对流、辐射等自然交换的方式使建筑物尽可能多地吸收、贮存、释放热量，以达到控制室内舒适度的建筑类型。相比较而言，被动式太阳能建筑对于建筑师有着更加广阔的创作空间。

事实上，我们所从事的一般建筑设计中从南窗获得的太阳热能占采暖负荷的1/10左右。如果进一步加大南窗面积，改善围护结构热工性能，在室内设置必要的贮热体，这种情形下的建筑也可被理解为一幢无源太阳能建筑。因此，被动式太阳能建筑和普遍意义上的建筑没有绝对界限。但是，两者在有意识地利用太阳能以及节能效益两个方面存在着显著区别。本质上说，房屋建筑的基本功能是抵御自然界各种不利的气候因素以及外来危险因素的影响，为人们的生产和生活提供良好的室内空间环境。太阳能建筑的目的同样如此：使房屋达到冬暖夏凉，创造舒适的室内热环境。其基本构成也由屋顶、围护结构(墙或板)、地面、采光通风部件、保温系统等组成。所不同的是,太阳能建筑有意识地利用太阳辐射的能量,以调节、控制室内热环境,集热部件与建筑构件往往高度集成。更重要的是,被动式太阳能建筑是一个动态的集热、蓄热和耗热的建筑综合体,如图4-4。太阳的光能通过玻璃,被室内空间的材料所吸收,并向各个方向辐射热能,由于类似于玻璃的选择性媒介具有透过"短波"(即太阳辐射热)而不透过"长波"红外热的特殊性能,这些材料再次辐射而产生的热能就不易通过玻璃扩散到外部。这种获取热量的过程,称之为"温室效应"——被动式太阳能建筑最基本的工作原理。所以系统应具备"收集"太阳能的功能,将收集到的热量进行"储存""积蓄",在适当的时间与空间中把这些热量进行"分配"使用。因此,被动式太阳能建筑成功的关键有以下六点:①建筑物具有一个有效的绝热外壳;②南向有足够数量的集热表面;③室内布置尽可能多的贮热体;④主要采暖房间紧靠集热表面和贮热体;⑤室内组织合理的通风系统;⑥有效的夜间蓄冷体系。

(一)建筑布局

太阳能建筑的总体布局应当考虑充分利用太阳能资源,同时协调建筑(群)形式、使用功能和集热方式这三者之间的关系。建筑平面布置及其集热面应面向当地最有利的朝向,一般考虑正南向±15°以内。至于办公、教室等以白天使用为主的建筑(群)在南偏东15°以内为宜。在某些气候环境下为兼顾防止夏季过热,集热面倾角呈90°设置。避免周围地形、地物(包括附近建筑物)对太阳能建筑南向以及东、西各15°朝向范围内的遮阳。另外,建筑主体还应避开附近污染源对集热部件透光面的污染,避免将太阳房设在附近污染源的下风向。

太阳能建筑的体形。首先,避免产生自遮挡,例如,建筑物形体上的凸处在最冷月份对集热面的遮挡。对夏热地区的太阳能建筑还要兼顾夏季的遮阳要求,尽量减少夏季过多的阳光射入房内。

以阳台为例,一般南立面上的阳台在夏季能起到很好的遮阳作用,但冬季很难完全不遮挡阳光。因此,首先,在冬季寒冷而夏季温和的地区南向立面不宜设阳台或尽量缩小阳台的伸出宽度。特别应避免凹阳台(或称凹廊)在太阳房中的使用,因为它在水平向度及垂直向度均不利于对太阳能的采集。其次,太阳能建筑的体形应当趋于简洁,以正方形或接近正方形为宜。再次,利用温度分区原理按不同功能用房对温度的需求程度合理组织建筑功能空间布局:主要使用空间尽量朝南布置,对于温度没有严格要求的房间、过道等可以布置在北面或外侧。最后,对于采用自然调节措施的太阳能建筑来说层高不宜过高。当太阳能建筑的层高一定时,进深过大则整栋建筑的节能率会降低,当建筑进深不超过层高的2.5倍时,可以获得比较好的太阳能热利用效率。

(二)采集体系

采集体系的作用就是收集太阳的热量,主要有两种方式:①建筑物本身构件。如南向窗户、加玻璃罩的集热墙、玻璃温室等;②集热器。与建筑物有机结合或相对独立于建筑物。

太阳能建筑的集热件常采用玻璃,这是因为玻璃能通过短波(太阳辐射热)而不能透过长波(常温和低温物体表面热辐射),这种获取热量的过程叫作"温室效应",玻璃窗就形成了"温室效应"的前提条件。另外,要注意设计或选用便于清扫以及维护管理方便的集热光面,水平集热面比垂直透光面容易积尘和难于清扫,若使用不当会使透光的水平集热面在冬季逐渐变成主要失热面。

(三)贮存体系

蓄热也是太阳能热利用的关键问题,加强建筑物的蓄热性能是改善被动式太阳能建筑热工性能的有效措施之一。有日照时,如果室内蓄热体蓄热性能好、热容量大,则吸热体可以吸收和储存一部分多余的热能;无日照时,又能逐渐向室内放出热量。因此蓄热体可以减小室温的波动,也减少了向室外的散热。根据一项对寒冷地区某住宅模型进行模拟计算的结果,由于混凝土蓄热性优于木材,所以采用混凝土地板时,室内的温度波动比采用木地板时要小得多。

蓄热体也可分为两类:①利用热容量随着温度变化而变化的显热材料,

如水、石子、混凝土等;②利用其熔解热(凝固热)以及其熔点前后显热的潜热类材料,如芒硝或冰等。应用于太阳能建筑的蓄热体应具有下列特性:蓄热成本低(包括蓄热材料和储存容器);单位容积的蓄热量大;化学性能稳定,无毒,无操作危险,废弃时不会造成公害;资源丰富,可就地取材;易于吸热和放热。

(四)热利用体系

太阳能建筑对于通过各种途径进入室内的热量应当充分利用,以便使太阳能建筑运行效率发挥到最大。主要使用的空间宜布置在南面,辅助房间宜设置于北面。同时,应解决好使用空间进深和蓄热问题。为了保证南向主要房间达到较高的太阳能供暖率,其进深一般不大于层高的1.5倍,这样可保证集热面积与房间面积之比不小于30%。为减小太阳能建筑室内温度的波动,可选择蓄热性能好的重质墙作为室内空间的分隔墙。在直接受益式太阳房中,楼板和地面都应该考虑其蓄热性。因为地面受太阳照射的时间长,照射的面积大,所以对于底层的地面还应适当加厚其蓄热层。此外,在集热方式和集热部件的选择上还需要综合考虑房间的使用特点。例如,主要在晚上使用的房间应优先选用蓄热性能较好的集热系统,以使晚间有较高的室温。而主要在白天使用的房间应优先选用升温较快,并能降低室温波动幅度的集热系统。

(五)保温隔热体系

一个良好的绝热外壳是太阳能建筑成功与否的至关重要的前提。为使室内环境冬暖夏凉,必须考虑冬季尽量减少室内的热损失,夏季尽量减少太阳辐射和从室外空气传入室内的热量。因此加强围护结构的保温隔热与气密性是最有效的方法。同时,为了减少辅助性采暖和制冷时的能源消耗量,保温隔热也是不可缺少的。需要注意的是,夏季进入室内的太阳辐射热以及室内产生的热量过多,若不进行充分的排热,高度保温隔热的围护结构就会使室内环境恶化。这种情况下可以通过设置遮阳设施、加强通风等措施,以防止热量滞留在室内,这与谋求建筑物的高隔热性和气密性并不矛盾。下面对建筑围护结构中的典型构件加以分析。

1.外墙。墙体的保温隔热一般采用附加保温层的做法。围护结构保温层厚度在一定数值范围内越大其传热损失越小,其位置宜在围护结构的外表面以减少结露现象改善室内人体舒适感。在热容量大的墙体室外一侧进行隔热(外保温),可以使得混凝土等热容量大的墙体作为蓄热体使用,也可形成夹芯结构,在围护结构层间进行保温处理。

2.基础。对于被动式太阳能建筑而言,基础是一个热量损失的部位,且常常被人们所忽视。在特定的气候条件下,建筑基础的热交换过大会直接影响被动式太阳能建筑的采暖效率。所以,作为设计者必须考虑结构基础的稳定性、节能效率、材料的使用等与保温隔热相关的因素。

3.外门窗。被动式太阳能建筑中的各个朝向采用适宜的窗墙比。窗户本身就是建筑围护结构中的薄弱环节,这对提高建筑长期的运行效率至关重要。因此,应当采用高气密性的节能门窗以及诸如中空玻璃、Low-E玻璃、软镀膜与硬度膜等作为透过性材料,若能配合遮阳系统则效果更佳。

4.门斗。除加强门窗的保温隔热措施外,出入口的开启可能会使得大量冷(热)空气进入室内,通常的方法是设置门斗以防止冷风渗透。门斗不可直通对室内热环境要求较高的主要使用空间,而应通向辅助房间或过道,以防不利风直接进入主要使用空间。当出入口在南向并通向主要使用空间时,可将出入口扩大为阳光间。特别在严寒地区应设置供冬季使用的辅助出入口通向辅助房间或过道,以避免出入口的开启引起主要功能房间室温的波动。

特别需要注意的是以上各个关键要素之间相互关联,相互配合,共同组成太阳能建筑围护系统,以实现被动式太阳能建筑的采暖或降温目标。这种关联特征所形成的系统属性贯穿整个太阳能建筑的设计与建造过程。

四、被动式太阳能建筑典型系统

根据其系统热利用的方式不同可分为四种类型:①直接受益式。利用南墙直接照射的太阳房,如图4-5(a)(b);②集热蓄热墙式。利用南墙进行集热蓄热,如图4-5(c)(d);③附加阳光间。即"温室"与上两种相结合的方式,如图4-5(e)(f);④对流环路式。利用热虹吸作用加热循环,如图4-5(g)(h)。

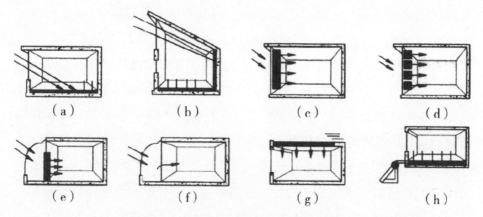

（a） （b） （c） （d）

（e） （f） （g） （h）

图4-5 被动式太阳能建筑典型系统图

在实际应用中往往是几种系统相互配合使用,尤以前三种形式的应用最为普遍,称为组合式或复合式太阳能热利用。此外,主动式太阳能系统与被动式太阳能系统也常结合在一起使用。

（一）直接受益式系统

1.原理。所谓直接受益式太阳能建筑,就是让阳光直接加热室内房间,将房间自身当作一个包括太阳能集热器、蓄热器和分配器的集合体,是一种利用向阳窗户直接接受太阳辐射的被动式太阳能建筑类型。白天阳光透过窗玻璃直接照射到室内的墙壁、地面和家具上,使它们获得热量并蓄存。夜间,当室外温度和房间温度下降时,墙壁、地面等就会散发热量,使房间保持一定温度。太阳热能这种集—蓄—放的全过程就是直接受益式太阳房的工作原理。相对而言,该系统具有结构简单、形式美观、造价较低等优点。但如果设计不当将导致室温波动大、舒适性差、辅助能耗增多以及白天室内的眩光等问题。

2.关键技术。直接式太阳能采暖系统中最主要的一类集热构件是南向玻璃窗,称为直接受益窗。要求密封性能良好,为防止夏季太阳过量直射应配有保温窗帘。另一类主要构件是蓄热体,包括室内的地面、墙壁、屋顶和家具等,围护结构应有良好的保温隔热措施以防室内热量散失。

（1）直接受益窗:直接受益窗是直接受益式太阳房获取太阳热能的重要途径,它既是得热部件,又是失热部件。一个设计合理的集热窗应保证在冬季通过窗户的太阳热量能大于通过窗户向室外散发的热损失,而在夏季尽可能减少日照量。改善直接受益窗的保温状况,可以增加窗的玻璃层数,也可以在窗上增设夜间活动保温窗帘(板)。为防止过大的窗户面积导致直接受益式太阳房室温波动变大,应选择适当的窗户面积,窗墙比大于0.3、窗地比约为0.16较为合适。若集取的太阳热量不够,可将不开窗户的其余南向墙面设计成其他类型的集热设施。

(2)蓄热体:为了更充分地吸收和蓄存太阳热量,减少室温波动,需要在房间内配置足够数量的蓄热物质。蓄热材料应具有较高的体积热容和热导率,应将蓄热体配置在阳光能够直接照射到的区域,并且不能在蓄热体表面覆盖任何影响其蓄热性能的物品。砖石、混凝土、水等都是较好的蓄热材料,例如,重型结构房屋通常所用的墙体厚度大于等于240毫米,地面厚度大于或等于50毫米。蓄热体表面积与玻璃面积之比大于或等于3时,地面所起的蓄热作用较大,此时地面厚度增至100毫米比较有利。

(3)房间内表面的有效太阳能吸收系数(α_a):直接受益式太阳房房间内表面的有效太阳能吸收系数α_a是指太阳房内墙壁、顶棚和地面所吸收的日射量S_n与透过南窗玻璃的日射量S_{or}的比值。其大小与玻璃的反射系数ρ_r,房间内壁、板的吸收系数α_u及南窗面积与房间内隔壁、板表面积的比例等因素有关。特别是地面色彩对提高房间的太阳能吸收起决定性作用。

(二)对流环路系统

1.原理。对流环路系统建筑物的围护结构为两层壁面,壁面间形成封闭的空气层,依靠"热虹吸"作用产生对流环路机制,将各部位的空气层相连形成循环。壁面间的空气在对流循环过程中不断被加热,使壁面材料贮热或在热空气流经部位设计一定的贮热体,在室内温度需要时释放热量从而满足室内温度要求及稳定性的目的。对流环路式系统可以在墙体、楼板、屋面、地面上应用,也可用于双层玻璃间形成的"集热器"。相比较而言,系统初次投资较大,施工复杂,技术要求较高,但利用太阳能采暖效果很好,并能兼起保温隔热作用。

2.关键技术。

（1）集热面：该系统需设置向阳的集热面，其垂直高度一般大于1.8米，使集热面内空气层中的空气有足够的向上流速，以获得良好的"热虹吸"效果；空气层宽度一般取100—200毫米。

（2）风口：在对流循环过程中，如果室内需要被加热的双层壁体内的空气，可以通过风口来控制，风口设置防逆流装置，利用风闸的开合来控制室温。

（3）隔热：对流环路在夏季会给室内温度条件造成较大影响，这时可以设计相应的对流环路阻绝板，将对流终止，如设置有效防止反向对流的"U"形管集热器，夏季时可将室内上部风口关闭。这时静止的空气间层是很好的隔热体系，这对夏热冬冷地区来说尤其重要。

（三）蓄热墙式系统

1.原理。利用南向集热蓄热墙吸收穿过透光性材料的热量，通过传导、辐射及对流等方式送至室内，这种用实体墙进行太阳能收集和蓄存的方式即特朗勃墙系统。通常在南立面的外墙表面涂以高吸收系数的深色涂料，并以密封的玻璃盖层覆盖，墙体材质应该具有较大的体积热容量和导热系数。

集热蓄热墙的形式有实体式集热蓄热墙、花格式集热蓄热墙、水墙式集热蓄热墙、相变材料集热蓄热墙、快速集热墙等。其中，实体式集热蓄热墙在南向实体墙外覆盖玻璃罩盖并在墙的上下侧开有通风孔。被集热墙吸收的太阳辐射热可通过两种途径传入室内：其一，通过墙体热传导，把热量从墙体外表面传往墙体内表面，再经由墙体内表面通过对流及辐射将热量传入室内使用空间。其二，加热的夹层空气通过和房间空气之间的对流（经由集热蓄热墙上、下风口）将热量传给房间，类似于上述的对流环路系统。夏季关闭集热墙上部的通风口，打开北墙调节窗和南墙玻璃盖层上通向室外的排气窗，利用夹层的"热烟囱"效应，将室内热空气抽出达到降温的目的。相对于直接受益式太阳房，由于集热蓄热墙体具有较好的蓄热能力，室温波动较小而且舒适感较好。

2.关键技术。

（1）集热蓄热墙的集热效率：集热蓄热墙收集太阳能的能力可用集热效率（集热蓄热墙与玻璃盖层表面接受辐射量的比值）η 表示，当集热蓄热墙盖层玻璃的光学性能一定时，集热蓄热墙的墙体厚度、风口设置及大小、盖层玻璃层数及墙面涂层材料等因素对于集热效率来说至关重要。

（2）墙体材料及厚度：实体墙式集热蓄热墙应采用具有较大体积热容量及热导率的重型材料，常用的砖、混凝土、土坯等都适宜做实体墙式集热蓄热墙。在条件一定的情况下，集热蓄热墙墙体的厚度对其集热效率 η、蓄热量、墙体内表面的最高温度及其持续的时间有直接的影响。墙体越厚，蓄热量越大，通过墙体的温度波幅衰减越大，时间也越长。

（3）通风口的设置与大小：有通风口的集热蓄热墙的集热效率比无通风口时高很多，适用于不同区域。对于较温暖地区或太阳辐射资源好、气温日差较大的地区，采用无风口集热蓄热墙既可避免白天房间过热，又可提高夜间室温，减小室温的波动。对于寒冷地区，利用有风口的集热蓄热墙，其集热效率高，补热量少，可更加节能。当空气夹层的宽度为30—150毫米时，其集热效率可随风口面积与空气夹层的横断面积比值的增加略有增加，合适的面积比为0.8—1.0。减小风口与夹层横断面的面积比，集热蓄热墙的集热效率随之降低，直至风口面积为0，此时集热效率最低，室内温度波动最小。

（4）玻璃层数与外墙涂层：玻璃层数越少，透过玻璃的太阳辐射就越多，玻璃的层数不宜大于3层，在我国以2层为宜，甚至温暖地区可采用单层。夜间在集热蓄热墙外加设保温板可有效地减少热损失，提高集热效率。单层玻璃加夜间保温板的集热蓄热墙集热效率与双层玻璃相差很少。为保证热采集效果，外墙应采用吸收系数高的深色无光涂层，如黑色、墨绿色、暗蓝色等。

（四）附加阳光间

1.原理。附加阳光间是一种设置在房屋南部、直接获取太阳辐射热的得热措施，适用于广泛的气候区划，尤其是寒冷地区效果较为明显。阳光透过南向和屋面的玻璃后转换为聚集的热量被吸热体表面吸收。一部分热量用来加热阳光间,另一部分热量传递到室内使用空间。阳光间既可单独设置,也可以与其他太阳能系统联合使用。附加阳光间在为室内空间供暖的同时还可成为室内功能空间的外延,其运行的基本原理是基于上述的"温室效应",并在特定的环境下将"温室效应"效果强化。一般情况下由于其室内环境温度在白天高于室外环境温度,所以既可以在白天通过对流经门、窗供给房间以太阳热能,又可在夜间作为缓冲区以减少热损失。

2.关键技术。

(1)玻璃层数与保温装置:阳光间集热面的玻璃层数和夜间保温装置的选择与当地冬季采暖度日值和辐照量的大小以及玻璃和夜间保温装置等的经济性有关。通常,在度日值小、辐照量大的地区宜用单层玻璃加夜间保温装置,在度日值大、辐照量小的地区宜取双层玻璃并加夜间保温装置。

(2)门窗开孔率:附加阳光间和其相邻房间之间的公共墙上的门窗开孔率不宜小于公共墙总面积的12%。一般阳光间太阳房公共墙上门窗面积之和通常在墙体总面积的25%—50%之间,其有效热量基本上均可进入室内,同时又有适当的蓄热效果(使房间空气温度的波动不至过大)。公共墙除门窗外宜用重质材料构成,如砖砌体其厚度可在120—370毫米之间选择。

(3)重质材料:阳光间内应设置一定数量的重质材料以控制室内热环境温度变化。重质材料应主要设在公共墙及阳光间地面,其面积与透光面积之比不宜小于3:1。如阳光间由轻质材料构成,为防止室内使用空间出现白天太热和夜间过冷的情况,应用保温隔热墙做分隔墙将阳光间和房间分开。

(4)内表面颜色:阳光间不透光围护结构内表面主要是接受阳光照射较多的公共墙体表面和地面,宜采用阳光吸收系数大和长波发射率小的颜色,以减少反射损失和长波辐射热损失。

(5)遮阳与排热措施:为防止附加阳光间夏季过热给室内带来影响,透光屋顶一般需考虑热空气的排出。集热窗中应有一定数量的可开启窗扇以便夏季排热。当房间设有北窗时,可利用横贯公共室内空间及阳光间南外窗的穿堂风进行排热处理。

第二节　太阳能光伏发电

一、光伏发电系统

光伏发电是将太阳能直接转化为电能的发电方式,以光伏电池板做光电转化装置,将太阳光辐射能量转化为电能,是太阳能的一次转化。通常,只有光伏电池板不能直接应用来给负载供电,所以还需要一些必要的外围设备、线路、支架等来构成完整的光伏发电系统。其中光伏电池板是电力来源,可以看成是太阳能发电机,其余部分统称为系统平衡器件,简称 BOS (Balance of System)。

(一)光伏发电系统的构成

我们日常所使用的电能主要是通过传统电网由集中的大型发电机产生电力并通过远距离的输电线路传输提供。目前电力公司直接为终端用户提供的是频率和电压都相对稳定(如220V/380V,50Hz)的交变电力。

光伏发电系统作为可再生能源,由于其相对于大型集中式发电系统,具有随机性、间歇性和布局分散的特点,属于分布式发电电源。理论上,这种分散的发电系统可以作为集中发电电网的补充。分散式发电系统的另外一个特点是功率相对较小,可以利用存在于建筑和用户附近的光伏能源形式就近并网发电,能够有效地利用当地的资源。这样,发电和消耗的过程都可以在当地进行。因此,在接入电网时逆变器输出的交流电首先应该满足电网对电能质量的要求,同时对电网以及负载安全具备保护功能,为避免对电网带来冲击,多选择在用户端的接入点接入电网。

由于用于建筑光伏系统的分布式电源相对减少了由电压等级的变换、输电线路的电力分配系统造成的损耗,系统的整体效率就会相应增加,光伏电源系统的这种特征非常适合这种分散供电策略。根据当地的不同条件,在具体实施时可以选择将光伏电站(容量为 W 到 MW 的范围)连接到适宜的公用电网点并网发电,或安装与公共电网分离的离网系统组成独立电网,为了最大限度地应用这种新能源,很多国家提出了微电网的概念。微电网的最大优点在于将原来分散的分布式电源进行整合,集中接入同一个物理网络中,并利用储能装置和控制装置实时调节以平滑系统的波动,维持网络内部的发电和负荷的平衡,保证系统电压和频率的稳定。

依据和电网的关系,光伏发电系统可以分为独立式发电系统、并网式发电系统以及具备以上两种特征构成微电网系统的一部分。独立发电系统不与电网连接,连接有负载;并网发电系统直接与电网连接,不一定具有直接负载;微电网系统在不与电网连接或与电网连接的情况下都能运行,且都连接有负载。

单体光伏组件的直流端电压一般只有几十伏,输出电流较小,输出能量还无法满足一个发电机组单元的需要,这时就将额定电流相同的光伏组件通过串联方式组合在一起,组成光伏组串,然后由光伏组串并联构成光伏阵列,光伏阵列可以根据实际设计和需要,调整组件的数量,使其达到所需要的值。一般户用发电系统容量较小,几十瓦到几千瓦。光伏发电站的容量相对较大,几十千瓦级到兆瓦级。户用发电系统可以是独立发电系统、并网发电系统或微电网系统,光伏发电站多为并网发电系统。

(二)独立与并网系统

独立式光伏发电系统与并网式光伏发电系统本质的区别在于是否与公共电网相连接,所以独立式光伏发电系统适合在偏远的无电网设施地区或用户经常迁移的情况下使用。独立式光伏发电系统一般由能量储存设备来储存能量或对系统做平衡,使用较为广泛的储能装置是蓄电池,这些蓄电池可以是铅酸蓄电池、锂离子蓄电池、镍氢电池等。近年来又出现了超级电容器、熔盐电池、飞轮电池等新型的储能设备。由于光伏发电和储能装置输出的都是直流电,如果用电设备是交流用电器,中间必须经过逆变器将直流电转化为适合电压的交流电。根据独立式光伏发电系统能量利用的形式的不同可以分为如下几种:直流系统、交流系统、交直流混合系统。

在独立式光伏发电系统中,关键部分为系统控制器,对蓄电池和负载进行能量管理。典型的直流独立光伏发电系统是太阳能路灯系统,白天光伏组件在光照强度大于一定值的情况下,通过系统控制器对蓄电池进行充电,当蓄电池充电完成后系统控制器直接将光伏组件和蓄电池断开,防止蓄电池过充电。晚上蓄电池通过系统控制器对负载供电,当天亮或蓄电池放电至预先设定的放电深度后,系统控制器将蓄电池和负载断开,停止放电。该类光伏系统中有一个很重要的元件是防反充二极管,防止充电过程中当光伏组件的电压低于蓄电池电压时,蓄电池对光伏阵列逆向放电。交流独立光伏发电系统工作原理与直流系统类似,前端结构相同,由于负载为交流负载,蓄电池放电时通过逆变器将直流电变为交流电对负载供电。交直流混合发电系统中有直流和交流两种负载,因此控制器需要控制两套放电系统进行工作:在蓄电池数量较多的储能系统中,由于蓄电池个体之间的差异,在充放电过程中会引起各电池的不均衡,从而造成整个储能系统的寿命缩短。因此,在此类储能系统中可以考虑引入蓄电池能量管理系统,通过监测每一个单体蓄电池的各项参数并对异常电池作能量平衡,从而延长整个储能系统的寿命。

根据负载的用途也可以采用无储能装置并且不与电网连接的系统形式,即有光照时系统工作,无光照时系统停机。近年来光伏发电的成本大幅下降,储能装置在总成本中所占比例上升,致使在特殊情况下设计人员在系统设计时省去了储能装置,光伏扬水就是一个典型的应用案例。光伏扬水系统由光伏发电系统和水泵系统构成,为了便于控制水泵功率,在水泵和光伏发电系统之间设置变频器,进行水泵功率调节,以协调水泵用电与光伏发电之间的功率平衡。当光伏发电功率较高时,调节变频器控制水泵运行在高转速下;当光伏发电功率较低时,调节变频器控制水泵运行在低转速下。一般来说,水泵主要工作在白天,单纯的扬水系统可根据实时光伏发电功率确定相应的抽水功率。

并网式光伏发电是应用最广泛的发电方式,其设备主要由光伏阵列、并网逆变器及相应的辅助设备构成。工作时,并网逆变器将光伏阵列发出的直流电转化为满足电网接入质量的交流电并入电网中。由于其不需要储能这一环节,既提高了光伏发电的能量利用率,又节省了储能装置所带来的高成本,使普及光伏发电成为可能。

由于并网式光伏发电需要接入电网(可以通过电力公司获得收益),所以用户在和电网连接时需要输出电能和输入电能两套计量线路系统。因此,并网式光伏发电系统可分为有储能装置并网式光伏发电系统和无储能装置并网式光伏发电系统。

光伏电站是太阳能发电应用的主要形式之一,在人口密度较低、土地资源相对充沛、阳光资源丰富的沙漠或戈壁地区有很好的实用性,其系统容量小到几百瓦,大到兆瓦级。在大型光伏电站中,多采用固定式支架进行光伏组件的安装。除此之外,也有光伏电站采用太阳追踪式支架,运用计算机联动控制的方式,使每一块光伏组件每时每刻都得到当前光照条件下最大的发电量,这样可以使光伏电站得到比固定式安装多10%—30%的能量。大型光伏电站多采用集中式或组串式并网逆变器,其一般具有最大功率点追踪、电网检测、防孤岛效应、断电保护等功能。

(三)并网逆变器

并网逆变器是太阳能并网发电系统的关键部件,它的主要功能是把来自光伏阵列的直流电转换为交流电,并传输出电网。[1]

并网逆变器按输出相数可分为单相逆变器和三相逆变器,按光伏阵列的接入方式分为集中逆变器、组串逆变器、多组串逆变器和微型组件逆变器,按逆变器内部回路方式分为工频变压器绝缘逆变器、高频变压器绝缘逆变器和无变压器逆变器。

工频变压器绝缘方式具有良好的抗雷击和消除尖波的功能,并网特性优良,但由于采用了工频变压器,因而比较笨重,成本较高。采用高频变压器绝缘方式的逆变器小而轻,成本较低,但控制复杂。无变压器方式的逆变器小而轻,成本低,可靠性高,但与电网之间没有绝缘。

并网逆变器主要由MPPT模块、逆变器和并网保护器三部分组成。首先,光伏阵列发出的直流电接入到MPPT模块中,实现光伏阵列的最大功率点跟踪,保证系统运行在最大能量输出状态。之后,逆变器将直流电转换为与电网的电压、电流相位匹配的交流电。最后,交流电通过并网保护器馈入公用电网。

---

[1]叶文锋.光伏并网发电系统对电网的影响研究综述[J].大科技,2016(20):79—80.

逆变器的MPPT技术现在流行的主要为DC-DC转换方式(图4-6),控制电路通过实时计算光伏阵列的最大功率点,得到该功率点处的电压值,通过DC-DC转换对直流输入端电压进行调节,达到最大功率点跟踪的目的。逆变电路主要由PWM(Pulse Width Modulation)方式控制全桥逆变电路中的开关管,将直流电变换为适合电网的交流电。多数逆变器的并网保护器为工频变压器,这样就消除了电流中的高次谐波并且实现了与电网的隔离,使并网更加安全可靠。但是由于变压器的效率不可能达到100%,这就造成了逆变器整体效率的降低。当前国外的逆变器厂商普遍采用无变压器的并网方式,在交流侧加入开关式的并网保护器,当控制电路检测到并网异常后,会主动脱离电网实现并网保护功能(图4-7)。

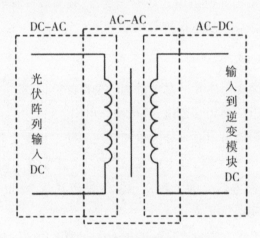

图4-6 实现MPPT的DC-DC转换

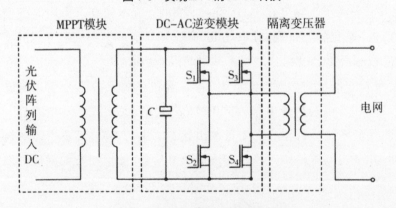

图4-7 并网逆变器主电路拓扑结构

对于适合建筑光伏发电系统的并网逆变器,主要从光伏阵列的接入方式来考虑逆变器的选择。集中式逆变器一般用于大型光伏发电站(＞200kW)的系统中,电压等级相同的光伏组串通过并联的方式连接到同一台集中式逆变器的直流输入端。其最大特点是系统的功率高、成本低。但受光伏组串的匹配性和组件部分遮挡的影响,可能导致整个光伏发电系统的效率和电产能下降。同时整个光伏发电系统的可靠性会受到某一单元工作状态不良的影响。最新的研究方向是运用空间矢量的调制控制,以及开发新的逆变器的拓扑结构,以获得部分负载情况下的高效率。

组串式逆变器已成为现在国际市场上应用较多的逆变器,组串式逆变器基于模块化概念设计,每个光伏组串(1—5kW)通过一个逆变器,在直流端进行最大功率点跟踪,在交流端并联,接入电网。目前许多大型光伏电厂使用了组串式逆变器,其优点是不受组串间模块差异和部分光伏组件被遮挡的影响,同时减少了光伏组件最佳工作点与逆变器不匹配的情况,从而增加了发电量。技术上的这些优势增加了系统的可靠性和能量的产出效益。同时,在逆变器间引入"主—从"的概念,使得当单个光伏组串产生的电能不能使单个逆变器工作的情况下,将多个光伏组串并联在一起,让其中一个或几个逆变器工作,从而产出更多的电能。目前,由于无变压器式组串逆变器具有成本低、重量轻、效率高等优势,得到了越来越广泛的应用。

多组串式逆变器结合了集中逆变器和组串逆变器的优点,可广泛应用于多种容量级别的光伏发电站。在多组串式逆变器中,包含了不同的单独最大功率点跟踪器,这些直流电通过一个普通的逆变器转换为交流电,连接到电网上。光伏组串的不同额定值(如:不同的额定功率、每个组串不同的组件数、组件的不同生产厂家等)、不同尺寸的光伏组件、不同方向的组串(如:东、南和西)、不同的倾角或受不同的阴影影响,都可以被连在一个共同的逆变器上,且每一组串都工作在它们各自的最大功率点处,同时,直流电缆长度减少,将局部组件受遮挡带来的影响和由于组串间的差异而引起的损失降到最低。

微型组件逆变器是将单个或少量的光伏组件与单个逆变器相连,同时每个组件有单独的最大功率点跟踪,这样组件与逆变器更加集成化,特别适合解决建筑光伏组件安装的差异问题,而这种差异性会造成一个组串以及组串间的电流的动态不一致性而引起的系统效率低下。

二、太阳电池组件产品

太阳能光伏发电系统是通过太阳电池吸收阳光,将太阳的光能直接变成电能输出。但是单体太阳电池输出电压太低,输出电流不合适,其本身就有容易破碎、易被腐蚀、易受环境影响等问题,不能直接用来发电,必须通过封装将其制成组件才可以应用,称之为光伏组件。

光伏组件的种类繁多,当今实用化的光伏组件主要有:晶体硅电池光伏组件和薄膜电池光伏组件。晶体硅电池光伏组件按其电池种类分为单晶硅电池光伏组件和多晶硅电池光伏组件,按其组件结构可分为不透光的标准光伏组件和透光的夹层玻璃光伏组件。不透光的光伏组件主要用来做光伏发电站;透光的夹层玻璃光伏组件主要作为建筑材料,实现光伏建筑一体化。薄膜电池光伏组件主要有刚性衬底薄膜电池组件和柔性衬底薄膜电池组件。多数薄膜电池都可以做成刚性或柔性组件,刚性组件多数都制成夹层玻璃形式做建筑材料,柔性组件一般是非常薄的不锈钢或铜作基层材料,加以封装材料进行层压合成,由于其可弯曲,在一定程度上可折叠,可以应用在一些需要曲面安装或要求携带方便的地方。

(一)晶体硅太阳电池

在种类繁多的光伏组件中,晶体硅电池光伏组件占市场的80%—90%,其封装材料与工艺也不尽相同,主要分为环氧树脂胶封、层压封装、硅胶封装等。环氧树脂胶封和硅胶封装主要用来生产小型组件,成本较低,但寿命较短。目前用得最多的是层压封装,因为这种封装方式适合大面积电池片的工业化封装。

单晶硅太阳电池和多晶硅太阳电池统称为晶体硅太阳电池。单晶硅太阳电池的原材料为单晶硅棒,单晶硅棒是由一定晶向的籽晶从熔融的硅料中旋转提升拉制而成,所以为圆柱状,内部晶体的晶向一致,所以称之为单晶硅。多晶硅太阳电池的原材料为多晶硅锭,多晶硅锭是通过将硅料放在坩埚内熔融冷却而形成的与坩埚形状一样的正方形柱体,内部晶体在小范围内晶向一致而在整个晶体范围内晶向不一致，所以称之为多晶硅。为了在一块组件中能够排列功率较大的单晶硅电池，所以需要将单晶硅棒的切面做成带有圆倒角的正方形，而多晶硅锭的切面本身就接近标准的正方形，所以不必进一步加工。

单晶硅具有规则的晶体结构，它的每个原子都理想地排列在预先确定的位置，因此单晶硅的理论和技术能迅速地应用于晶体材料，表现出可预测和均匀的特性。但由于单晶硅材料的制造过程必须极其细致且缓慢，所以价格较为昂贵。由于多晶硅的制造工艺没有单晶硅那么严格，所以价格较为便宜。但是由于晶界的存在阻碍了载流子迁移，而且在禁带中产生了额外的能级，造成了有效的电子空穴复合点和P-N结短路，因此降低了电池的性能。

1.常规组件。

（1）光伏组件的封装结构：以晶体硅标准光伏组件为例，通过串联得到的太阳电池位于钢化玻璃和TPT（Tedlar Polyester Tedlar）背板之间，中间通过EVA（乙烯和醋酸乙烯酯的共聚物）黏合为一体，然后用密封胶将铝合金边框装在层压件的边上，从背面引出光伏组件的正负电极于接线盒内，最后再从接线盒引出光伏组件的连接线。夹层玻璃光伏组件与标准光伏组件最大的差别是TPT背板被玻璃取代，接线盒多用密封胶安装在组件边缘，导线从组件边缘引出。夹层玻璃组件用来做幕墙或天窗时，为了实现保温和增强组件机械强度，多数加工成中空结构，为满足建筑玻璃的安全要求，两层玻璃与中间的电池一般采用PVB黏结。

（2）光伏组件的封装材料：标准光伏组件的面层封装材料通常采用低铁钢化玻璃，其特点是光透过率高、抗冲击能力强和使用寿命长。这种光伏组件用的低铁玻璃在晶体硅太阳电池响应的波长范围内（320—1100纳米）透光率达90%以上，同时能耐紫外线辐射。其表面经过处理（绒面化或镀膜等方法）更是可以达到减少反射、增加透射的效果，并且减少了玻璃表面造成的光污染。黏结剂是固定太阳电池和保证上下盖板密合的关键材料，通常采用EVA胶膜，其特点是对可见光有高透光性，抗紫外光老化；具有一定的弹性，可以吸收和缓冲不同材料之间的热胀冷缩；有良好的气密性；具有良好的电绝缘性能和化学稳定性;常温下无黏性,便于裁剪,层压后可以产生永久的黏合密封。背板材料在标准光伏组件中一般用TPT,夹层玻璃光伏组件用钢化玻璃。TPT复合膜具有耐老化、耐腐蚀、气密性好、强度高、与黏结材料结合牢固、层压温度下不起任何变化等优点,能对电池起到很好的保护作用和支撑作用,成为最理想的光伏组件背板材料。在夹层玻璃光伏组件中背板采用钢化玻璃,除具有保护和支撑作用外,还可以透光,成为建筑光伏一体化材料最好的选择。标准光伏组件一般具有边框,以保护组件,主要的边框材料为铝合金或不锈钢。除此之外,光伏组件的生产还需要电池连接条、电极接线盒、焊锡等材料。

(3)光伏组件的电气特性:太阳能是一种低密度的平面能源,实际应用中需要大面积的光伏组件方阵来采集。通常,单块光伏组件的输出电压不高,需要用一定数量的光伏组件经过串并联构成方阵,这就需要对光伏组件的电气特性有清楚的了解。

前面讲到太阳电池与普通电池的区别在于短路电流和最大功率点的存在。以晶体硅标准组件为例,现在通用的电池片(单晶硅太阳电池和多晶硅太阳电池)有125毫米×125毫米和156毫米×156毫米两种规格,其开路电压是由P-N结的内建电动势决定的,晶体硅太阳电池的开路电压一般为0.6V左右;短路电流与太阳电池的面积和效率有关,面积越大,效率越高,短路电流越大。转化效率为16%的晶体硅太阳电池,规格为156毫米×156毫米,短路电流可以达到8A以上;规格为125毫米×125毫米,短路电流可以达到5A以上。最大功率点处,晶体硅电池的输出电压一般为0.48—0.5V,最佳工作电流和相应的短路电流相比略有下降。

光伏组件的工作温度范围是-40℃—80℃,而且电池的性能随着温度的变化而改变。当温度升高时,电池中载流子的活动增强,电流密度有所上升,同时内建电动势略有下降,约为-2mV/℃。同时考虑电流的上升和电压的下降,峰值功率的温度系数为-0.4%/K—-0.5%/K,这就是正午的时候光伏组件的发电功率大,但开路电压和发电效率却比较低的原因。

在光伏组件中,太阳电池都是经过串并联连接在一起的,除了太阳电池外还有一个非常关键的部件,通常称为旁路二极管。旁路二极管的作用就是当光伏组件受到局部遮挡或电池内部出现故障时将问题电池旁路掉,以免造成整个组件效率下降,并防止其出现热斑效应,对光伏组件和光伏方阵起着极大的保护作用。以36片太阳电池串联的晶体硅标准组件为例,其在组件内部与太阳电池的连接如图4-8、图4-9所示。

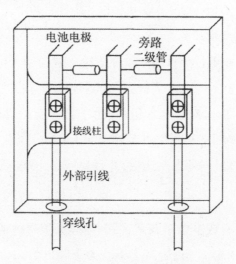

图4-8　光伏组件接线盒的内部结构示意图

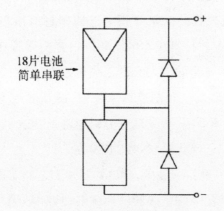

图4-9　光伏组件的等效电路

　　由于太阳能电池长期工作于强阳光照射下,光伏组件的输出性能存在一定程度的衰减,因此一般定义其输出功率下降至标称功率的80%时的使用时间为使用寿命,以目前的电池及封装技术,光伏组件的使用寿命在20年以上,多数厂家以此标准可确保组件寿命25年以上。

2.夹胶玻璃组件。太阳电池不但可以用来发电,还可以用来遮阳,将常规组件背面的TPT换成玻璃,并且通过调整太阳电池的多少或在组件中所占的面积,就能实现光伏组件作为建筑材料既用来发电又用来调整建筑玻璃的采光比和控制建筑的得热性能,可谓一举多得。为了让光伏组件直接代替建筑玻璃,表现出良好的保温绝热性能,通常将光伏组件加工为中空玻璃结构或双中空玻璃结构。

为了使该组件能更好地作为建筑元素融入建筑中,并且表现出很好的外观一致性,通常省去了铝合金边框,并且将接线盒镶嵌在组件的内部,输出导线从组件边上引出。对于这种组件,由于其没有铝边框来方便固定和安装,所以其安装结构需要根据组件的特点来专门设计,既要实现组件的牢固固定,又要方便组件之间的电气连接,并且要保持建筑外形的美观。

(二)薄膜电池

由于晶体硅材料成本相对较高,而晶体硅太阳电池的硅材料用量较大,使得晶体硅电池的成本一直居高不下。为了降低太阳电池的成本,人们一直在寻找能节省硅材料或完全不用硅材料的方法。现在薄膜电池技术的进步大大改变了这个现状。硅基薄膜电池的硅材料用量只有晶体硅电池的1%,这就大大解决了硅材料成本的问题。但是由于现在的技术还不是很成熟,硅基薄膜电池的转化效率大大低于晶体硅电池,而且在稳定性和使用寿命上也较差。就制造工艺和制造成本来说,硅基薄膜电池将非常可能在近几年占据更多的市场份额:除了硅基薄膜电池,比较成熟的薄膜类电池还有铜铟镓硒系列(CIGS)、碲化镉系列(CdTe)等。

薄膜电池之所以材料用量少,是由其制造工艺决定的。无论采用什么设备,其制造都是镀膜的过程。薄膜电池主要由四部分组成:衬底、导电膜、电池层和背电极。其中衬底材料主要有玻璃、不锈钢、塑料等,玻璃材料主要用来做非晶硅、多晶硅薄膜电池的刚性衬底,不锈钢或塑料等材料主要做柔性衬底。导电膜(TCO)主要材料用的是SnO_2,由于其制作相对容易,成本较低,性能优良,在薄膜电池中大量使用。不同的材料,可以制得不同性能的电池层。由于不同的材料制成的电池对阳光吸收的截止波长不同,为了增加电池对光的吸收,可以做成多层不同材料的电池叠加的结构,也称叠层电池。

1.硅薄膜组件。可以看出,硅基薄膜电池最有大规模生产的潜力。非晶硅薄膜电池外观一般呈茶色,半透明,外观美观,既能遮挡光线、又能允许部分光线通过,而且在弱光下其发电能力也较好,很适合做建筑窗户等部件。但是非晶硅薄膜电池在安装初期,强光照射下性能衰减严重,发电能力与晶体硅电池相差甚远。为了克服非晶硅电池效率较低、稳定性差等缺点,近年来出现了微晶硅、多晶硅薄膜电池。实验证明,用微晶硅和多晶硅薄膜代替非晶硅做电池的有源层制备出的电池,在长期光照下没有任何衰退现象。所以,发展晶体化的硅基薄膜太阳电池是实现高稳定、高效率、低成本最有前途的方法。

薄膜电池在颜色和外观方面可以有很大的变化空间,各种颜色都可以实现。由于其颜色的变化是以改变电池的掺杂成分来实现的,所以加工成各种颜色的薄膜电池与原始颜色的薄膜电池相比会有一定的效率损失。薄膜电池的生产工艺是镀膜的过程,其外观也可以根据实际需要加工成不同的形态,所以薄膜电池可以根据不同的建筑进行加工,满足建筑的各种需要,真正实现光伏建筑一体化。

2.化合物薄膜组件。

(1)碲化镉薄膜:碲化镉(CdTe)薄膜电池虽没有非晶硅电池历史久远,但美国的 First Solar 公司已经进入产业化的生产,近年在欧洲 Antech 公司也研发出该电池的产业化技术。

这种薄膜电池的制作是通过近空间升华的方法将碲化镉薄膜沉积在玻璃衬底上,由于空间很近,材料蒸发后运动距离短,材料的利用率很高。在电池制作完成后,也需要将电池进行封装,形成可靠的光伏组件。由于这种电池是直接制作在玻璃衬底上的,并且在制作过程中已经进行了电池的串联,所以就省去了晶体硅组件加工中的前道工序,只需给电池焊接主栅线,然后用 EVA 将电池与背面玻璃板层压在一起,安装接线盒之后就形成最终的组件,通过终检后完成碲化镉薄膜组件的所有生产工序。

(2)铜铟镓硒薄膜:铜铟镓硒薄膜太阳电池具有生产成本低、污染小、不衰退、弱光性能好等显著特点,光电转换效率居各种薄膜太阳电池之首,接近于晶体硅太阳电池,而成本只是它的三分之一,被称为下一代非常有前途的新型薄膜太阳电池,是近几年研究开发的热点。此外,该电池具有柔和、均匀的黑色外观,是对于外观有较高要求场所的理想选择。

这种薄膜电池制备过程中最难的是 $Cu(In, Ga)(S, Se)_2$ 膜的制备。目前主要的方法是使用电化学技术,将镀有 Mo 的玻璃板作为阴极置于电镀液中,电镀液中含有 H_2SeO_3,H_2SO_4,In^{3+},Na^+,Cu^{2+},电镀反应的结果,H_2SeO_3 与 In^{3+} 和 Cu^{2+} 反应生成 $CuInSe_2$,之后还要经过硫化处理以及退火处理,最终形成薄膜电池。

CIGS 薄膜电池优势所在:①薄膜电池的低成本优势,相对于晶体硅电池材料成本便宜;②相对于其他薄膜电池,CIGS 是目前所推广的薄膜电池中转化效率最高的;③没有光致衰退效应。无衰退是薄膜太阳能电池最为关键的性能指标,单结非晶硅薄膜电池的衰退达到 25%,非晶微晶叠层薄膜电池的衰退为 10% 左右。CIGS 薄膜电池没有光致衰退效应,这一特点和晶体硅电池相同;④最适合在 BIPV 中的应用。

三、光伏建筑一体化

(一)BIPV 和 BAPV

在常规能源加速耗尽的今天,新能源的开发与利用逐渐在世界上拉开了新的帷幕。光伏发电技术作为太阳能的一次转化,因转化效率高,应用方便,而备受青睐。用太阳能光伏发电解决电力不足的根本方法是并网光伏发电,并网发电主要有大型光伏电站和光伏建筑两种形式。大型光伏电站因其占用土地多,需要长距离输电等问题而不能全面实行。而光伏建筑由于光伏组件的安装是以建筑为载体,无须专门为其开辟场所,不会对环境造成严重影响等优势,必将成为今后光伏发电应用的主要方式。

现阶段应用较多的是在已建成的建筑上(主要是楼顶),加装太阳能光伏发电系统,称之为建筑与光伏系统相结合,简称 BAPV(Building Attached Photo-voltaic)。其特点是,支撑结构类似于地面上的光伏发电系统,是一种依附结构,其不构成具有功能的系统,与建筑的结合关系也不是很密切。

另外一种形式是在建筑规划设计的过程中就考虑到了光伏发电系统的应用,将构件化了的光伏组件作为具有建筑功能作用的外围护结构。主要以建筑的幕墙、玻璃窗、采光顶等形式应用,并将成为主流形式,业界称为"建筑与光伏器件一体化",简称BIPV(Building Integrated Photo-voltaic)。

BAPV主要是在原有的建筑上安装光伏发电系统,所以每个系统的设计都要依据现有建筑的具体安装环境和项目情况来定。由于光伏组件的发电能力与其安装倾角有着密切的联系,所以安装倾角的确定就显得至关重要。当光伏组件处于最佳倾角时,其一年中接收的太阳辐照量将达到最大,所发出的电能也将达到最大,可以使光伏组件的利用达到最大化。光伏组件的最佳倾角是由安装地的具体地理位置和地理环境决定的,以北半球为例,某地向南倾斜最佳安装角安装的太阳电池发电量为100,其他朝向全年发电量均有不同程度的减少。

在平顶的建筑上,由于其安装自由度比较大,可以像地面系统一样,选择最佳倾角进行安装。最佳倾角首先取决于安装地的纬度,其次应根据当地的气象资料进行适当的调节,最后确定出最佳安装角度。在斜面屋顶上,由于屋顶已具有自己的倾角,光伏组件的安装应该顺着原有屋顶的倾角,可以做细微的调整,但考虑到抗风和不破坏原有建筑的造型设计,所以应尽量保持原有倾角。

在较密的建筑群中,可能设计的光伏系统受在某些时段阳光下投射的阴影的影响,这种局部阴影的影响通常比其遮挡的部分要大。不仅减少光伏系统发电量,同时使得组件中的电池片中发生热斑效应的概率上升,需要在系统设计过程中认真分析阴影范围,并采取措施减少这种影响。

BIPV主要是在建筑设计的同时就考虑到光伏组件作为建筑的某些替代材料应用在整个建筑的建造中,形成光伏发电系统与建筑的一体化设计。由于建筑作为主体,光伏组件作为建筑的组成部分,必须服从建筑的设计需要。其次为了能有效利用光伏发电,光伏组件的倾角和朝向问题也应该重点考虑,为了能满足建筑的外观和采光通风等需要,应该主要考虑光伏组件的结构和外观问题。

(二)光伏器件的建筑元素化

1.色差。以目前的生产工艺来讲,各种太阳电池的颜色差异较大,各厂家的同种材质电池颜色也很不相同,即使是同一厂家,其不同批次、不同工艺的产品颜色也存在着差异(尤其是多晶硅太阳电池)。目前光伏组件产品的主要颜色有五种:单晶硅电池(黑蓝)、多晶硅电池(蓝色)、非晶硅薄膜电池(棕色)、碲化镉薄膜电池(青色)、铜铟镓硒薄膜电池(藏青色)。

太阳电池的颜色主要是由材料决定的,其中,单晶硅晶向一致,电池的颜色一致性较好,多晶硅电池的颜色一致性较差。由于材料本身的多晶向特点,电池表面存在颜色差异明显的花斑,该花斑可以通过制绒工艺和电池表面的镀膜工艺改善。为了设计需要,也可以定制特殊颜色的晶体硅电池组件。如需进一步改变晶体硅组件的颜色,可以采用添加彩色背板或彩色夹层的方法对组件外观进行调节。

制作薄膜电池的材料和工艺不同,薄膜电池呈现不同的颜色。由于工艺控制方便,材料均匀性好,薄膜组件的一致性非常好。非晶硅薄膜电池主要以棕色为主,其颜色可以通过添加染色材料在一定范围内调节,从青色到棕红都可以方便实现。

2.透光。各组件生产厂家以单位最大发电量而设计生产的常规组件,通常需满足相关规定。该类用量最大的常规组件通常称为标准组件。标准组件的封装是用面层为3.2毫米的低铁超白玻璃,采用白色或黑色TPT。为了实现组件整体的一致性,采用黑色的太阳电池和黑色TPT。由于黑色吸收光线能力强,无光线反射,组件升温较快且该封装的标准组件完全不透光。由于晶体硅电池片不透光,采用白色TPT封装的电池片间的间隙部分会有微弱可见光透过,因此在迎光方向可以看到电池之间的缝隙。

晶体硅电池在与建筑进行一体化设计时,为了保证合理的采光能力,通常采用双层玻璃中间夹电池层来制作光伏组件。双层玻璃封装的晶体硅光伏组件,其透光能力可以通过调节电池片之间的间隙来控制,但这种间隙由于电池封装生产工艺的限制,通常建议在5—100毫米之间,间隙过大容易引起组件在层压过程中的电池移位。当电池数量和排布确定后,如果需要进一步增加组件的遮光比,组件背面可以采用低透光率玻璃或玻璃之间的夹层采用低透光率胶膜等实现。

薄膜光伏组件的透光率通常以改变单体电池的大小和电池之间的距离来实现。以非晶硅组件为例,当单体电池较大,缝隙较小时,组件的透光率低,光学性能主要体现在反射上。当单体电池较小,缝隙相对较大时,透光率高,反射率较高,光学性能体现为半透半反能力,并且可以有效减少可见光的短波部分的入射,在整个采光效果上,可以将直射光转化为散射光,使室内光线柔和明亮。

3.外形和尺寸。光伏组件的外形可以根据需要设计成各种样式,不同的组件类型可以加工的组件样式也各有差别。如前面所述,常规晶体硅电池组件有边框结构、特殊要求的多边形边框结构、在民用住宅光伏系统中多应用较广的瓦片结构、双玻组件的无框结构、明框结构、隐框结构以及带有一定弧度的曲面结构等。薄膜组件有常规双层玻璃边框结构、无檩结构、柔性衬底的可卷曲结构等。

晶体硅电池在整片的基础上可以进行分割,也可以在一定范围内组件内部进行创意组合。

光伏组件的外形尺寸主要受三个方面的限制:①组件的电气性能要求;②生产工艺或设备;③安装现场对组件封装材料的安全限定。目前,用层压的方法生产的组件,晶体硅双层玻璃封装组件达到12平方米,整体薄膜电池为2.2米×2.6米=5.72平方米,采用"三明治"结构,即在原夹胶光伏玻璃的基础上再采用增加外层钢化玻璃的方法,可以生产3米×4米的薄膜组件。

4.热工。光伏玻璃组件由于在工作时,会吸收大量的光能,除被转化为电能的光子外,很大一部分都转化为内能使电池的温度不断升高。因此,其作为建筑的外围构件使用时热工性能十分重要。

光伏组件的安装通常要求具有较好的通风散热环境,而合成中空玻璃后使散热条件变差,会大幅降低光伏系统效率,因此,在对光伏发电系统进行建筑元素化设计时,必须对光伏组件的散热和绝热进行综合考虑。

光伏组件用作建筑材料时,主要为双层玻璃或多层玻璃结构,因此,玻璃的性能在很大程度上决定了光伏组件的热工性能。在设计时应主要考虑四个参数,如下。

第一,导热系数 U,用来表示当室内温度 T_i 与室外温度 T_0 不相等时,单位面积、单位温差和单位时间内玻璃传递的热量:

$$U = \frac{Q_1}{(T_0 - T_i)S}$$

式中: Q_1 ——由室外传入室内的总热量;

　　S ——发生热传递的总面积,U 值的单位是 $W/(m^2 \cdot K)$。

单层玻璃和有机材料背板封装的标准电池组件,其热传递性能与单层玻璃基本等同 $5.7W/(m^2 \cdot K)$。因此在设计建筑光伏系统时,应确保光伏玻璃组件通风散热的同时,整个系统的热传递性能满足建筑节能设计标准的要求。双玻夹层光伏玻璃组件,热传递系数(U 值)与普通夹层玻璃基本等同[5.0—5.5$W/(m^2 \cdot K)$],但由于光伏玻璃组件前述的特殊性能,热传递系数(U 值)比普通双玻夹层玻璃略高,因此在设计建筑光伏系统时,不得影响建筑的节能性能,可利用光伏玻璃组件透光不透影、较好的遮蔽性能,但光伏玻璃组件需获得充足的阳光和充分散热,光伏玻璃组件复合成为中空结构后,具备与普通中空玻璃等同的热传递系数(U 值)[1.1—3.2$W/(m^2 \cdot K)$],再配以 Low-E 镀膜层后完全能够满足建筑节能的要求,可以直接作为建筑幕墙材料设计,但需要考虑光伏玻璃组件对透视效果的影响,并结合建筑美学合理进行设计。

第二,遮阳系数 S_c,用来表征当太阳辐照度是 I,通过单位面积玻璃射入室内的总太阳能等于 Q_2,太阳能总透射比为:

$$g = \frac{Q_2}{I}$$

遮阳系数定义为:

$$S_c = \frac{g}{0.889}$$

式中:0.889——标准 3 毫米透明玻璃的太阳能总透射比。

调整晶体硅组件中的电池间距可以改变光伏玻璃组件的遮阳系数。光伏玻璃组件中太阳电池具有对可见光和红外线辐射很好的阻断性能,光伏玻璃组件太阳电池的覆盖面积比和光伏玻璃组件的遮阳系数的关系为,太阳电池的覆盖面积比越大,遮阳系数越小,反之亦然;如此,可以调节遮阳系数(0.25—0.60)达到相应要求或建筑标准。

第三,可见光透射率τ,用来表征太阳光中可见光的辐照强度I_0,通过单位面积玻璃射入室内的可见光辐照度等于I,则玻璃的可见光透射率定义为:

$$\tau = \frac{I}{I_0}$$

晶体硅光伏组件中电池本身不能改变可见光透射率,薄膜电池背电极材料有透可见光和不透可见光的不同产品,因此从需求考虑,可以选择背电极透光的薄膜电池获得一定可见光透光率。当薄膜电池采用透明背电极材料进行制作,对大部分短波段可见光吸收后,其透过的光谱主要在红光波段,由于发电的同时还可以有部分可见光透过,此类电池可用来作蔬菜大棚。光伏玻璃组件中,晶体硅太阳电池可以有效地阻断可见光透过,太阳电池的覆盖面积比变化直接影响光伏玻璃组件的可见光透射率。因此,通过调整太阳电池在光伏玻璃组件中的覆盖面积比,通常可以实现可见光透射率在5%—85%的调节。非晶硅薄膜电池可以通过调节激光灼刻的密度,实现光伏组件透光率在5%—20%的调节。

第四,可见光反射比ρ:被物体表面反射的光通量与入射到物体表面的光通量之比,用符号ρ表示。光伏玻璃组件为尽可能多地利用太阳光,组件表面和太阳电池表面都经过减反射处理。如此,光伏玻璃组件的可见光反射率较普通幕墙玻璃明显降低,可以显著缓解因光反射引起的负面影响。

四、光伏发电技术在建筑上的应用(发电与系统设计)

太阳能光伏发电技术与建筑相结合有着非常重大的意义,它可以代替部分建筑材料作为建筑的外围护结构来设计,安装在建筑的表面既可以用来遮阳又可以发电,应用恰当的话还可以作为装饰元素融入建筑当中。由于光伏发电的输出高峰在中午的一段时间内,正是用电高峰期,对电网可以起到很好的调峰作用。设计适当的光伏组件具有良好的隔热和遮阳效果。将光伏发电系统与建筑相结合,将节省额外的土地,并且可以大规模应用于城市中。可以对建筑进行就地发电,构成分布式电源,减少电力传输中的损失,改善电网的稳定性。

由于光伏系统的工作与周边环境存在着密切的关系,环境因素将直接决定光伏系统是否适合安装,因此,环境条件成为光伏建筑一体化项目规划设计的首要考虑因素。

环境条件所包含的主要因素如下。

(一)地理位置

主要由于纬度的差别带来光伏系统最佳安装倾角的差异,纬度越低,最佳安装倾角越小。

(二)海拔高度

直接影响大气厚度,可以改变大气对太阳光的吸收,也影响着光伏系统中电气设备的使用。

(三)气温

年平均气温、最高气温、最低气温与光伏系统的效率密切相关。由于太阳电池的负温度系数特性,当温度变化时,将影响光伏系统的转化效率向相反的方向变化。

(四)降水

年降水量、频率、主要集中时间、持续时间与光伏系统能接收到的光照时间有关,并且可以影响光伏组件的表面清洁度。如在某地,上午出现阴雨天较多而下午较少,在系统朝向选择时应考虑适当偏向在下午可多接收阳光的方向。

(五)日照

日照辐射量及直射光、散射光所占比例与光伏系统的发电量和安装倾角会对系统的发电产出产生影响。散射光所占总辐射比例越大,安装倾角对光伏发电的产出影响越小。

(六)风速

平均风速、最大风速主要影响光伏组件的结构、尺寸及散热情况,最终对系统效率产生影响。

(七)高大物体的存在

光伏系统附近高大物体(树木或建筑)的存在将造成阴影投射,影响光伏系统的发电产出,并且对光伏组件的局部遮挡可能引起热斑效应,给光伏系统带来安全隐患。并且高大物体会影响光伏系统周围的空气流动,影响光伏组件的散热,使系统效率受到影响。

(八)落灰

项目周边的扬尘情况决定组件表面的积灰情况,直接影响组件表面的透光能力,另外,根据灰尘的种类和成分的不同,光伏组件的清洗方法也有差异。无机灰尘可直接用清水清洗去除,有机灰尘需要加入有机物清洗液进行去除,在降水较频繁或夜间容易结露的地区,可在光伏组件表面镀有机物分解膜,可有效改善光伏组件的自洁能力。

(九)大气情况

光伏组件的工作情况直接决定于所接收的太阳光能量,太阳光能量的传播与所经过的大气路径和大气成分有关。不同的气体分子或固体粒子对不同波长的光线有不同的折射和散射能力,导致大气的光线透过率不同,透射光光谱不同,从而光伏发电系统电力输出也不同。

(十)雪载荷

是否有积雪影响着光伏系统的安装结构强度。国际标准中要求光伏组件可以承受5400Pa压强的静载荷,在容易出现积雪的地方,光伏系统的支撑或安装结构应能承受足够的静载荷。

(十一)风载荷

国际标准中要求光伏组件至少可以承受2400Pa压强的风载荷,在风力较大地区,安装结构应适当加强。

由于光伏发电系统的引入,在做建筑设计时应该充分考虑光伏系统的影响因素,采用合适的光伏系统类型。

在建筑与光伏一体化设计时,应主要从四个方面着手来考虑光伏发电系统的设计。

1.总容量的大小。首先应该根据建筑物可安装光伏组件的面积或实际需要的安装面积A来确定整个发电系统的总容量。通常,晶体硅不透光光伏组件的单位面积功率P为100—160W/m²。双玻璃封装的半透明电池60—130W/m²,薄膜光伏组件的单位面积功率比晶体硅略小40—80W/m²,由此可得到光伏发电系统的容量($P \cdot A$)。

2.光伏组件的选择。根据建筑物外观需要或总容量需要,来选择合适的光伏组件。晶体硅光伏组件单位面积的功率较大,有效发电寿命一般为20—25年(发电功率下降到初始安装功率的80%),电池与电池之间距离较大,接缝明显,颜色通常为蓝色、灰色或黑色。电池基本不透光,组件的透光性可以通过电池的间距来进行调整。非晶硅光伏组件单位面积的功率较小,电池之间没有接缝,透光率固定,一般在10%—30%,颜色一般为棕灰色,也可以根据需求定制颜色,其寿命较短。

3.支撑结构的设计。支撑结构主要是根据建筑结构和最佳倾角来确定的。坡屋顶主要依照屋顶倾角,在屋顶上打孔,将支撑支架固定在屋面上。平顶则仿照地面系统,首先在屋顶上预先安装支撑基础,然后在基础上面安装支撑结构。由于这种设计自由度较大,可以将支架按照最佳倾角来设计。支撑结构一般都为金属材料,为了防雷应该有接地装置,接地电阻不超过10Ω。BIPV建筑主要考虑建筑的功能需要,比如,窗户、遮光顶、采光棚、天窗、幕墙等,具体的应用方法类似玻璃,但要重点考虑光伏组件电源线的走线问题,在满足安全的基础上,尽量做到走线的隐蔽和美观。

4.并网系统的电气方案设计。应用于建筑的光伏并网系统,由于受安装面积的限制,通常装机容量较小,以低压并网系统为主。一个并网发电系统的总体设计主要包括光伏组件的整列排布、光伏组件的串并联设计、直流端汇线箱/直流配电柜设计、交流端交流配电柜设计、逆变器选型、数据采集和线路配线设计等方面。并网光伏发电系统最重要的一个部分是逆变器的选型,它直接决定着整个系统的成败。首先应保证逆变器性能的可靠,具备最大功率点跟踪、防雷、防孤岛效应、自动捕捉电网信号、自适应调节、自动保护等功能。当逆变器确定后就要根据光伏发电系统的参数来确定逆变器的具体型号。方法是:首先根据系统的容量和分配情况来确定逆变器的数量和额定功率。然后,应根据逆变器的直流电压和电流的输入范围来决定光伏组件的串并联构成。在一些特殊的设计中,可能由于建筑的光伏系统安装面不在同一平面上,同一时刻各组件接收的能量不同,组件电流不同,如果组件还是简单的串联将会使系统效率大大降低,此时需要仔细分析各组件的受光情况,尽量将受光状态相同或接近的组件串联在一起。若差异问题还是无法解决,则应考虑采用组件逆变器,由于每块光伏组件都连接有一个逆变器,每块组件都工作在最大功率点处,最大限度地消除了受光角不同带来的影响。该解决方法在建筑物无法避免阴影影响的情况下尤为适用。

光伏组件直流汇线箱一般处于室外环境,具体位置因情况而定,防护等级应达到IP65,其内部应包含接线端子、防雷模块和直流断路器等,在有数据采集和监控要求的情况下还应安装组串工作状态检测设备。在大型系统中,直流配电柜主要实现各汇线箱的汇流功能和直流侧集中开关功能,交流配电柜主要实现各路交流电的汇流和与电网连接的开关功能。线路设计主要考虑电流的大小和电压,各段电路应尽量实现线损少且导线的用料省。数据采集装置主要包括环境监测和逆变器工作情况监控。环境监测主要测量当地的日照情况、温度情况、组件的温度情况和风力风向等数据。最后这些数据连同逆变器的工作状态一起传送到数据处理终端输出显示。

其实,将光伏发电技术应用在建筑上最为关键的地方是如何使光伏发电和建筑完美地结合,既实现了建筑能够最大限度地产出绿色电能,又实现了光伏发电系统使建筑的外观更美,更具有现代化气息。将光伏发电技术与建筑结合,要注意以下问题。

光伏发电系统应该服从建筑的需要,所以其结合形式应该从建筑的设计出发,主要的结合形式有遮阳板、屋顶、天顶、幕墙等。

根据建筑的外观和发电需要选择类型合适的光伏组件,如晶体硅光伏组件光电转化效率高,弱光性差,其电池为蓝色或黑色,透比性差,组件的透光率可以通过调节太阳电池的间距来实现。薄膜光伏组件的光电转化效率较差,弱光性好,温度性能好,其电池为棕黄或棕黑色,透光性较好且均匀。

根据需要安装光伏组件的面积确定支撑结构,如在平屋顶建筑上多采用最佳安装倾角的支架固定安装;坡屋顶多采用沿屋顶倾角铺设安装轨道进行安装,安装高度应保证组件背面通风;光伏幕墙或光伏采光顶采用钢结构或铝合金框架安装。其中金属支撑结构一定要与地有良好的连接,形成可靠的防雷接地。

光伏发电系统的发电能力与光伏组件表面的透光率有密切的关系,如果光伏组件长时间积累大量的灰尘,会使光伏组件的发电能力严重下降。在经常降雨或夜晚有露水的地区,可以使用带有自洁功能的光伏组件,其可以自动清除有机污垢但不能清除无机的污垢和灰尘。所以在建筑上安装光伏发电系统时,最好同时安装配套的组件表面清洗装置。

根据前面太阳电池知识的介绍可以知道,光伏发电系统的发电能力会随着光伏组件温度的升高而下降。为了尽量避免光伏组件升温,应当保证光伏组件有着良好的通风环境。同时,应用在建筑上的光伏发电系统多为固定式安装,由于光伏组件的朝向不同,光伏组件的发电能力不同,所以光伏组件应尽量做到以最佳倾角安装,且不能受到周围建筑或物体的遮挡,在方案设计的时候还应该充分考虑系统建成后光伏发电系统的各个部分的检修与定期维护的方便。

第三节　地源热泵

一、概述

(一)地源热泵技术

地源热泵系统是一种利用浅层地热能,提高热泵工作效率的技术。该技术是建筑工程中利用浅层地能的主要形式。

夏季,通过制冷循环将室内多余热量提取后,释放到地下或地表给建筑物供冷。冬季,浅层地热能的热量被提取出来,通过热泵提升温度后给室内供暖。地源热泵的冷热源温度全年相对比较稳定,其供冷、供热系数比传统中央空调高,从而以节约热泵机组的能耗作为一种高效的供热空调冷热源方式,地源热泵系统近几年得到较快的发展。

地源热泵系统主要由四部分组成:浅层地热能换热系统、水源热泵机组(水/水热泵或水/空气热泵)、室内采暖空调系统和控制系统。所谓浅层地热能换热系统,是指通过装有水或加入防冻剂的水溶液管路将岩土体或地下水、地表水中的热量采集出来并输送给水源热泵系统。通常有地埋管换热系统、地下水换热系统和地表水换热系统。水源热泵主要有水/水热泵和水/空气热泵两种。室内供暖空调系统主要有风机盘管系统、地板辐射供暖系统、水环热泵空调系统等。

城市污水处理厂的污水,其夏季温度较低,冬季温度较高,十分适合作为热泵的低位热源,现已在许多工程中使用,污水源热泵也可以划入广义的地源热泵范畴。

地源热泵技术可应用的地区为:具有丰富的地下水资源、地表水资源或者适合于钻孔布井,并且具有足够布孔面积的土壤资源的地区。地源热泵系统的应用可以全部或部分替代常规供热空调方式,在有些工程项目中采用地源热泵为主、常规方式调峰的复合式系统,也可以达到较好的节能效果。

(二)地源热泵分类

地源热泵供热空调系统利用浅层地热能资源作为热泵的冷热源,按与浅层地热能的换热方式不同分为三类:地埋管换热、地下水换热和地表水换热。三种地源利用方式对应的热泵名称分别为:土壤源热泵、地下水源热泵、地表水源热泵。

1.土壤源热泵。土壤源热泵系统是指利用地下土壤蓄积的热能作为热泵机组的低位热源,通过循环液体(水或以水为主要成分的防冻液)在封闭的地下埋管中流动,实现系统与大地之间的换热。土壤源热泵系统既保持了地下水源热泵利用大地作为冷热源的优点,同时又不需要抽取地下水作为传热的介质,保护了地下水环境不受破坏,是一种可持续发展的建筑节能新技术。

另外,由于土壤源热泵中,地下埋管与土壤的换热主要依靠热传导的换热方式,因此相对于地表水和地下水的水源热泵,其换热效率较低,需要打孔钻井的数量较多,面积也较大,因此初期投资也高。地下埋管装置俗称地埋管换热器,形式包括水平式和垂直式。水平式埋管系统是指利用地表浅层(<10米)的位置,铺入水平换热管等,施工方便。但由于地温变化较大的原因,换热效率较低,占地面积较大。垂直式埋管系统指在地面上竖直方向打深30—100米的井,打井深度取决于土质和建筑界面的情况,将换热管竖直埋入地下,实现换热管中的水和土壤的热交换。

2.地表水源热泵。地表水源热泵系统的低位热源指江水、海水、湖泊、河流、城市污水等地表水。在靠近江河湖海等大容量自然水体的地方,适于利用这些自然水体作为热泵的低温热源。这些水体的温度夏季一般低于空气温度,而冬季一般高于空气温度,为提高机组的效率提供了良好条件。

一定的地表水体所能够承担的冷热负荷与水体的流量、面积、水体深度和气温等多种因素有关,需根据具体情况进行计算。在项目决策时,应当对水体资源量进行评估认证。水源热泵的换热对水体可能带来潜在的生态环境影响,有时也需要预先加以考虑,以防止对水体产生热污染。

与地表水进行热交换的地源热泵系统,根据传热介质是否与大气相通,分为闭式环路系统和开式环路系统两种。将封闭的换热盘管按照特定的排列方法放入具有一定深度的地表水体中,传热介质通过换热管管壁与地表水进行热交换的系统称为闭式环路系统。闭式环路系统将地表水与管路内的循环水相隔离,保证了地表水的水质不影响管路系统,防止了管路系统的阻塞,也省掉了额外的地表水处理过程,但换热管外表面有可能会因地表水水质状况产生不同程度的垢结,从而影响换热效率。

地表水在循环泵的驱动下,经水质处理后直接流经水源热泵机组或通过中间换热器进行热交换的系统称为开式环路系统。其中,地表水直接流经水源热泵机组的称为开式直接连接系统,地表水通过中间换热器进行热交换的系统称为开式间接连接系统。开式直接连接系统适用于地表水水质较好的工程,还需要进行除砂、除藻、除悬浮物等必要的处理。

3.地下水源热泵。地下水源热泵系统以地下水作为热泵机组的低温热源,因此,需要有丰富和稳定的地下水资源作为先决条件。地下水源热泵系统的经济性和地下水层的深度有很大的关系。如果地下水位较深,不仅打井的费用增加,而且运行中水泵耗电过高,将大大降低系统的效率。地下水资源是紧缺的、宝贵的资源,对地下水资源的浪费或污染是不允许的,因此,地下水源热泵系统必须采取可靠的回灌措施,确保置换冷量或热量的地下水100%回灌到原来的含水层。

地下水的回灌模式包括同井回灌和异井回灌两种(图4-10)。同井回灌指抽取水与回灌水在同一个井中完成,异井回灌指抽取与回灌过程分别在不同的井中完成。

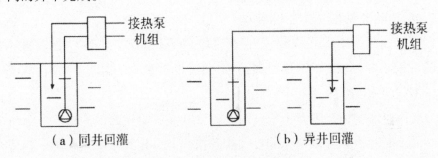

（a）同井回灌　　　　　　　　　（b）异井回灌

图4-10　地下水两种回灌模式

(三)地源热泵系统特点

1.土壤源热泵。与空气源热源泵相比,土壤源热泵系统有以下优点:①土壤温度全年波动较小且数值相对稳定,热泵机组的季节性能系数具有恒温热源热泵的特性,这种温度特性使地源热泵的主机效率比传统的空调运行效率要高20%—40%,具有较好的节能潜力;②土壤具有良好的蓄能性能,冬、夏从土壤中取出(或放入)的能量分别可以在夏、冬季得到自然补偿,实现热量的"夏储冬用";③地下埋管换热器无须除霜,没有融霜的能耗损失,节省了空气源热泵的融霜所消耗的5%—20%的能耗;④地下埋管换热器在地下吸热与放热,减少了空调系统对地面空气的污染,供冷时空调系统的热量不排入大气,缓解了城市热岛效应;⑤一机多用,热泵机组既可供暖,亦可制冷,同时还能提供生活热水,一套系统可以发挥原有的供热锅炉、制冷空调机组以及生活热水加热装置的作用。

但从国内外对地源热泵的研究及实际使用情况来看,土壤源热泵系统也存在一些缺点,其主要表现在:①初投资较高。地下埋管换热器的投资占系统投资的20%—30%;②设计技术较为复杂。其设计应根据建筑物的实时负荷,通过地埋管换热计算模型,计算出地埋管全年的进出水温度和土壤全年温度变化,以计算土壤源热泵的节能性和判断土壤热平衡性。地源热泵虽然具有较好的节能潜力,但是如果设计有误,则可能反而增加运行能耗;③运行管理技术较为复杂。运行中需要处理好土壤热不平衡问题以及运行中的机组效率保持问题。

2.地表水源热泵特点。

(1)地表水源热泵的主要特点。

第一,地表水的温度变化较大,其变化主要体现在两方面:①地表水的水温随着全年各个季度的不同时间而变化;②地表水的水温随着湖泊、池塘的水的不同深度而变化。

水体温度变化范围介于土壤温度和室外大气温度之间。地表水源热泵的效率大致也介于地源热泵和空气源热泵之间。地表水源热泵的一些特点与空气源热泵相似,例如,夏季要求供冷负荷最大时,对应的冷凝温度最高。冬季要求供热负荷最大时,对应的蒸发温度最低。许多地区地表水源热泵空调系统也需设置辅助热源(燃气锅炉或燃油锅炉等)。

第二,闭式地表水源热泵系统相对于开式地表水源热泵系统,具有如下特点:①闭式环路内的循环介质(水或添加防冻剂的水溶液)清洁,可以避免系统内的堵塞现象;②闭式环路系统中的循环水泵只需克服系统的流动阻力;③由于闭式环路系统内的循环介质与地表水之间的换热的要求,循环介质的温度一般要比地表水的温度低2℃—7℃,因此将会导致水源热泵机组性能降低,即机组的EER或COP略有下降。

第三,要注意和防止地表水源热泵系统的腐蚀、生长藻类等问题,以避免频繁地清洗而造成系统的运行中断和较高的清洗费用。

(2)地表水源热泵的主要分类。

第一,淡水源热泵系统。以江水、湖水、水库水等地表水体作为低位热源的地表水系统称为淡水源热泵系统。原则上,只要地表水冬季不结冰,均可作为冬季低位热源使用。

与地下水和地埋管系统相比,地表水系统可以节省打井费用。因此在条件适宜的项目中采用地表水系统会有一定的优势。利用地表水作为地源热泵系统的低位热源,应注意以下几个关键问题:①应掌握水源温度的长期变化(全年)规律,根据不同的水源条件和温度变化情况,进行详细的水源侧换热计算,采用不同的换热方式和系统配置;②设计系统时应注意对水质的要求和处理,防止出现换热效率下降、管路的腐蚀等问题,同时考虑长期运行时换热效率下降对系统的影响;③应注意拟建空调建筑与水源的距离。距离过长,则会使输送能耗过大造成系统整体效率下降;④应注意地表水源热泵系统长期运行对河流、湖泊等水源的环境影响。

第二,污水源热泵系统。以城市污水作为热泵低位热源的系统称为污水源热泵系统。污水源热泵系统是地源热泵系统的类型之一。城市污水是一种优良的低位热源,它具有以下优点:①城市污水的夏季温度低于室外空气温度,冬季高于室外空气温度,污水水温的变化较室外空气温度变化小,因而污水源热泵的运行工况比空气热泵的运行工况要稳定;②城市污水的出水量大,供热规模较大,节能性显著。

污水源热泵系统形式较多,按照是否可以直接从污水中提取冷热能,可以分为直接式和间接式污水源热泵系统;按照所使用污水的处理状态,可分为原生污水源热泵系统,二级出水和中水作为热源/热汇的污水源热泵系统。

第三,海水源热泵系统。海洋是一个巨大的可再生能源库,进入海洋中的太阳辐射能除一部分转变为海流的动能外,更多的是以热能的形式存储在海水中,而且海水的热容量巨大,非常适合作为热源使用,海洋作为一种可再生的冷、热资源,能量取之不尽。[①]我国海岸线较长,一些沿海城市具有很好的利用海水源热泵系统的条件,适合利用海水源热泵为建筑提供冷、热源,以节约能源,减少污染。

海水源热泵系统是水源热泵装置的配置形式之一,即利用海水作为热源或热汇,并通过热泵机组,加热热媒或冷却冷媒,最终为建筑提供热量或冷量的系统。海水中所蕴含的热能是典型的可再生能源,因此,海水源热泵系统也是可再生能源的一种利用方式。

海水作为冷热源的另一种形式是直接利用。工作原理是利用一定深度的海水常年保持低温的特性,夏季把这部分海水取上来在热交换器中与冷

①何文肇.海水源热泵系统的技术经济分析[J].中国新技术新产品,2014(4):163.

冻水回水进行热交换,制备温度足够低的冷冻水供建筑物使用,系统主要由海水取排放系统、热交换器和冷冻水分配管网构成。这种系统仅把海洋当作冷源来使用,可以部分或全部取代传统空调系统中的冷冻机。

海水温度是海水源热泵技术应用成败的关键。利用海水直接供冷要求海水温度在12℃以下。目前国外的热泵技术供热运行时要求海水温度不得低于2℃,而且海水温度越高,热泵机组的制热系数越大,供热效率越高。不同的海水温度在供热系统设计上也存在差异,直接影响到工程投资和运行费用。海水含盐量高,具有较强的腐蚀性和较高的硬度。海水源热泵系统的防腐蚀问题也要引起足够的重视。

(四)地下水源热泵的特点

近年来,地下水源热泵在我国得到了应用。相对于传统的供暖供冷方式及空气源热泵,它具有如下的特点:①地下水源热泵具有较好的节能性。地下水的温度一般等于当地全年平均气温或高1℃—2℃左右,冬暖夏凉,可提高机组的供热季节性能系数(HSPF)和能效比(EER)。同时,温度较低的地下水,在夏季的某些时候可以直接用于空气处理设备中,对空气进行冷却除湿处理而节省能量。相对于空气源热泵系统,能够节约15%—40%的能量;②地下水源热泵具有良好的经济性。其能效比高,所需设备少,初投资低,仅有打井的费用;③回灌是地下水源热泵的关键技术。在地下水资源严重短缺的今天,如果地下水源热泵不能将100%的井水回灌到原来的含水层,那将带来一系列的生态环境问题,如地下水位下降、含水层疏干的地面下沉、河道断流等,会使已经不乐观的地下水源状况雪上加霜。为此地下水源热泵系统必须具备可靠的回灌措施,保证地下水能100%回灌到同一含水层内,否则就不能采用地下水源热泵。

二、地源热泵应注意的问题

(一)土壤源热泵

经过一段时间的发展,土壤源热泵在工程上已积累了较为丰富的经验。土壤源热泵系统主要是在现场测试、设计方法等方面存在一些问题。

1.现场测试。土壤源热泵系统的现场测试存在的问题是没有相关的国家标准作为测试依据,主要表现在:①如果按照单位延米换热量进行系统设计,测试过程模拟土壤热泵系统的工况条件没有统一标准;②在某一特定工况下测试所得的单位延米换热量的数据如何修正,使之与设计工况对应;③实测过程中测试仪器的制热及制冷功率、地埋管换热器内的水流速度等参数、测试仪表准确度等没有统一规定。

2.设计方法。当前土壤热泵系统的地埋管换热器的设计主要有两种方法:动态负荷模拟法和单位延米换热量法。其中,动态负荷模拟设计法,能够较全面地还原土壤热泵系统实际运行的工况,是一种比较精确的设计方法,但是计算过程较为烦琐,不便于设计人员使用。但这可以通过使用模拟计算软件来解决。

另一种是单位延米换热量法,简便易行,易于被设计人员使用,存在的主要问题是没有准确地对单位延米换热量的修正方法,实验时所对应的地埋管的进出水温度和换热量不能换算成设计工况,使得设计状态难以准确控制。同时由于不能获得整个夏季、冬季地埋管换热器的进出水温,无法对所设计的地埋管系统的运行效率做出判断,地源热泵的节能性无法得到保障。

(二)地表水源热泵

地表水源热泵推广应用时,主要存在的问题如下:①地表水水温和水质基础资料缺乏。我国目前建立的地表水水温资料数据库主要是针对热电厂和气候研究所构建的,不能满足江河湖水源热泵系统的设计需要。基础资料的缺乏会影响到整个江河湖水源热泵系统的设计形式和前期的经济性分析的准确性,不能为项目的决策提供准确的依据;②缺乏地表水热迁移方面的研究。江河湖水源热泵系统在应用过程中会有大量的冷量和热量排入水体中,排入的热量和冷量对特定的水体区域温度场分布会产生影响,进而可能对热泵系统正常运行和水体的生态环境造成影响。目前这部分内容还没有量化的指标;③地表水源热泵的形式和规模。地表水源热泵系统供热、供冷面积,在不同使用规模和负荷变化时系统应具有不同的设计形式和机组优化配置,这是直接关系到系统的初投资和运行能耗的重要参数,应当在设计时详细论证。

针对以上问题,在地表水源热泵的推广应用中应开展以下三方面的工作:①建立针对地表水源热泵系统设计用的地表水体资料数据库。对现有的数据进行整理分类,不足的进行实测。研究参数包括水体的温度、水质等物理性参数以及其他评价生态环境的指标;②开展地表水体扩散迁移问题的研究。对排放一定热(冷)量的热(冷)扩散迁移问题进行分析,确定扩散范围及程度,并分析造成这种扩散的主要影响因素,进而指导今后地表水源热泵系统的设计,减少对生态环境的影响;③整体系统的设计。水源热泵系统的节能作为一个系统,必须从各个方面进行考虑,主要是如何减少取水工程的能耗,如何控制在冬季低温时的补热量,保障系统整体节能效果。

(三)地下水源热泵

地下水源热泵运行中出现的问题主要有三类:回灌阻塞问题、腐蚀与水质问题和井水泵功耗过高的问题。

1.回灌阻塞问题。地下水属于一种地质资源,若无可靠的回灌手段,将会引起严重的后果。地下水大量开采引起的地面沉降、地裂缝、地面塌陷等地质问题日渐显著。地面沉降除了对地面的建筑设施产生破坏作用外,对于沿海临海地区还会产生海水倒灌、河床升高等其他环境问题。

对于地下水源热泵系统,如果将地下水100%回灌到原含水层的话,总体来说地下水的供补是平衡的,局部的地下水位的变化也远小于没有回灌的情况,所以一般不会因抽灌地下水而产生地面沉降问题。但目前在国内的实际使用过程中,回灌堵塞问题时有发生,不时出现地下水直接从地表排出的情况。

回灌井堵塞和溢出是大多数地下水源热泵系统都会遇到的问题。回灌经验表明:真空回灌时,对于第四纪松散沉积层来说,颗粒细的含水层的回灌量一般为开采量的1/3—1/2,而颗粒粗的含水层为1/2—2/3。回灌井堵塞的原因和处理措施大致有六种情况:①悬浮物堵塞。水中的悬浮物含量过高会堵塞多孔介质的孔隙,从而使井的回灌能力不断减弱直到无法回灌,这是回灌井堵塞中最常见的情况。因此,通过预处理控制回灌井中的悬浮物的含量是防止回灌井堵塞的首要方法。在回灌灰岩含水层的情况下,控制悬浮物在30mg/L以内是一个普遍认可的标准;②微生物的生长。注入水中的或当地的微生物可能在适宜的条件下在回灌井周围迅速繁殖,形成一层生物膜堵塞介质孔隙,从而降低了含水层的导水能力。通过去除水中的有机质或者进行预消毒杀死微生物可以防止生物膜的形成。如果采用氯进行消毒,典型的余氯值为1—5mg/L;③化学沉淀。当注入水与含水层介质或地下水不相容时,可能会引起某些化学反应,这不仅可以形成化学沉淀堵塞水的回灌,甚至可能因新生成的化学物质而影响水质。在富含碳酸盐的地区可以通过加酸来控制水的pH值,以防止化学沉淀的生成;④气泡阻塞。回灌入井时,在一定的流动情况下,水中可能挟带有大量气泡,同时水中的溶解性气体可能由于温度、压力的变化而释放出来。此外,也可能因生化反应而生成气体物质,最典型的如反硝化反应会产生氮气和氮氧化物。气泡的生成在浅水含水层中并不成问题,因为气泡可自行溢出。但在承压含水层中,除防止注入水挟带气泡之外,对其他原因产生的气体应进行特殊处理;⑤黏粒膨胀和扩散。这是工程中出现最多的因化学反应产生的堵塞。具体原因是水中的离子和浅水层中黏土颗粒上的阳离子发生交换,这种交换会导致黏粒的膨胀和扩散。由这种原因引起的堵塞,可以通过注入NaCl等来解决;⑥含水层细颗粒重组。当回灌井又兼作抽水井时,反复地抽水和灌水可能引起存在于井壁周围细颗粒介质的重组,这种堵塞一旦形成,则很难处理。因此在这种情况下,回灌井兼作抽水井的频率不宜太高。

2.腐蚀与水质问题。现在国内地下水源热泵的地下水回路都不是严格意义上的密封系统,回灌过程中的回扬、水回路产生的负压和沉沙池,都会使外界的空气与地下水接触,导致地下水氧化。地下水氧化会产生一系列的水文地质问题,如地质化学变化和地质生物变化。另外,地下水回路材料如不做严格的防腐处理,地下水经过系统后,水质也会受到一定影响。这些问题直接表现为管路系统中的管路、换热器和滤水管的生物结垢和无机物沉淀,造成系统效率的降低和井的堵塞。

腐蚀和生锈也是地下水源热泵遇到的普遍问题之一。地下水对水源热泵机组的有害成分有:铁、锭、钙、镁、二氧化碳、溶解氧和氯离子等。

(1)腐蚀性:溶解氧对金属的腐蚀性随金属而异。对钢铁,溶解氧含量大则腐蚀速率增加;铜在淡水中的腐蚀速率较低,但当水的氧和二氧化碳含量高时,铜的腐蚀速率增加。水中游离二氧化碳的变化,主要影响碳酸盐结垢。但在缺氧的条件下,游离的二氧化碳会引起铜和钢的腐蚀。氯离子会加剧系统管道的局部腐蚀。

(2)结垢:水中以正盐和碱式盐形式存在的钙镁离子易在换热面上析出沉积,形成水垢,严重影响换热效果,即影响地下水源热泵机组的效率。地下水中的 Fe 二价离子以胶体形式存在,Fe 二价离子易在换热面上凝聚沉积,促使碳酸钙析出结晶,加剧水垢的形成,而且 Fe 二价离子遇到氧气发生氧化反应,生成 Fe 三价离子,在碱性的条件下转化为呈絮状物的氢氧化铁,沉积后堵塞管道,影响机组的正常运行。

(3)浑浊度与含沙量:地下水的浑浊度高会在系统中形成沉积,堵塞管道,影响正常运行。地下水的含砂量高对机组、管道和阀门都会造成磨损,加快钢材等的腐蚀速度,严重影响机组的使用寿命,而且浑浊度和含砂量高还会造成地下水回灌时含水层的阻塞,影响地下水的回灌,使回水量逐渐降低,影响供水系统的稳定性和使用寿命。为防止管井发生堵塞主要采用回扬方法。所谓回扬方法即在回灌井中开泵抽出水中的堵塞物。

3.井水泵功耗过高问题。井水泵的功耗在地下水源热泵系统能耗中占有很大的比重,在不良的设计中,井水泵的功耗可以占总能耗的25%或更多,使系统的整体性能系数降低,因此有必要对系统的井水泵的选择和控制引起重视。

常用的井水泵控制方法有设置双限温度的双位控制、变频控制和多井台数控制。推荐采用变频控制。

三、夏热冬冷地区土壤源热泵空调系统的应用

(一)夏热冬冷地区采暖空调负荷特点

夏热冬冷地区最显著的气候特征是四季分明。夏季时间长、气候炎热,最热月平均气温在28℃—30℃之间,太阳辐射强度大,湿度大。冬季寒冷,最冷月平均气温在1℃—2℃之间。

夏热冬冷地区的采暖空调负荷在一般情况下夏季设计冷负荷大于冬季设计热负荷,夏季累计冷负荷大于冬季累计热负荷。若完全依靠地源热泵

来供冷,则地埋管和热泵机组的投资较高,也不利于土壤的热平衡。采用辅助冷却复合地源热泵系统,可有效地降低初投资,提高系统的节能效果。

(二)夏热冬冷地区系统设计的适宜原则

1.以冬季采暖工况为依据进行地埋管换热器设计。全年的负荷分析表明,夏热冬冷地区建筑物的夏季设计和累计冷负荷均大于冬季设计和累计热负荷,地下埋管换热器夏季排向埋管附近土壤的热量远大于冬季从土壤吸取的热量,要防范夏季过多的热量排入土壤,在运行中维持土壤热平衡是设计阶段和运行阶段都必须考虑的问题。

但如果按照夏季冷负荷来确定地下埋管的长度,为了满足较大的冷负荷的需要,势必要加大地下埋管换热器的配置,增加初投资。由于钻井费用通常很高,会使投资费用大大增加。所以在保证机组效率的同时,减少钻孔长度并且能够满足冷负荷要求是系统配置时应有的主导思想。

根据工程经验的总结,这一地区在系统设计时推荐地源热泵与冷却塔联合运行模式。

2.采用地源热泵与冷却塔联合运行模式。地下埋管换热器的长度按照冬季较小的负荷来确定,夏季未能由地埋管承担的排热量由冷却塔来承担。这种系统形式的初投资主要是增加了冷却塔的费用,但是却显著减少了地下埋管的费用,系统总的初投资是减少的。在夏季,热泵运行费用中增加了冷却塔系统水泵和风机的能耗费用,但是由于冷却塔系统有助于提高地源热泵机组的效率,所以热泵压缩机的能耗仍有所降低。

冷却塔排热时的机组效率与当地的气候条件密切相关。夏热冬冷地区室外气候的湿球温度的分布以25℃—30℃为主。一般而言,运行过程中能够保持冷却塔出水温度不高于地埋管出水温度,机组的效率不会降低。

从提高运行效率的角度,是采用地埋管运行还是采用冷却热泵系统运行,主要决定于两者之中谁的效率更高。由于冷却塔出水温度由大气的湿球温度决定,一般在初夏、夏末以及夏日的凌晨这些时段湿球温度较低,采用冷却塔运行是有利的。

冷却塔运行的总时间长度与土壤热平衡相关。在实际运行时,应根据建筑负荷的实际状况和土壤温度的变化来做出决策。

第四节 空气冷热资源利用

四季轮回,昼夜交替,室外空气随之具有不同的温度,同时,因为气压的存在以及中心引力,空气是取之不尽的,因此可以作为冷热资源去利用。夏季,把建筑内多余的热量排向室外空气;冬季,从室外空气中提取热量送往建筑物内;过渡季节,把室外新鲜空气直接送到室内,从而为人们的生产及生活创造一个舒适健康的建筑室内环境。环保是社会实现可持续发展的必备要素,空气作为一种环保的可再生能源,其应用正符合了社会可持续发展的要求。

一、空气的特性

人们通常所说的室外空气实际上是湿空气,是由一定量的水蒸气与干空气混合而成。干空气的成分主要是氮、氧、氩气及其他微量气体,多数成分较稳定,少数随季节变化有所波动,但从总体上可看作一个稳定的混合物。水蒸气在湿空气中的含量较少,但会随季节和地区而变化,其变化直接影响到湿空气的物理性质。

(一)描述空气的基本物理参数

描述空气的基本物理参数有压力、温度、含湿量、相对湿度和比焓。在压力一定时,其他四个是独立的物理参数,只要知道其中任意两个参数,就能确定空气的状态,从而也可以确定其余两个参数。

湿空气的压力即通常所说的大气压力。湿空气由空气和水蒸气组成,湿空气的压力应等于干空气的分压力与水蒸气的分压力之和,水蒸气分压力的大小,反映了湿空气中水蒸气含量的多少。水蒸气分压力越大,其含量越多。

温度是表示空气冷热程度的标尺。空气温度的高低对人体的热舒适感和某些生产过程影响较大,因此,温度是衡量空气环境对人的生产和生活是否产生影响的一个非常重要的参数。

含湿量d是指1千克干空气所伴有的水蒸气量。大气压力一定时,空气中的含湿量仅与水蒸气分压力有关,水蒸气分压力越大,含湿量就越大。含湿量可以确切地表示湿空气中实际含有水蒸气量的多少。

相对湿度是指湿空气中的水蒸气分压力与同温度下饱和水蒸气分压力之比,表示湿空气中水蒸气接近饱和含量的程度,即湿空气接近饱和的程度。相对湿度的高低对人体的舒适和健康及工业产品的质量都会产生较大的影响,是空气调节中的一个重要参数。

湿空气的比焓是指1千克干空气的比焓与湿空气中所含水蒸气的比焓值之和。湿空气的比焓不是温度的单值函数,而是取决于空气的温度和含湿量两个因素。温度升高,焓值可以增加,也可以减少,或者不变,要视含湿量的变化而定。

(二)空气焓湿图及热湿变化基本过程

确定湿空气的状态及其变化过程,经常要用到湿空气的焓湿图。湿空气的状态变化基本过程有加热、干式冷却、等焓加湿、等焓减湿、等温加湿及冷却干燥过程。这些状态变化如何实现及在焓湿图上的过程表示(图4-11)。

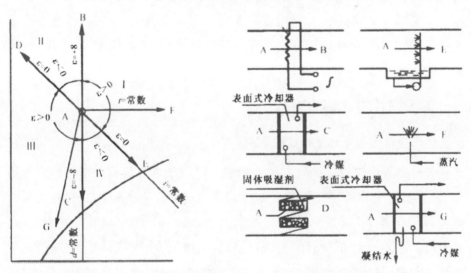

图4-11　湿空气状态变化基本过程图

1.加热过程(A→B)。利用以热水、蒸汽等做热媒的表面式换热器或电阻丝、电热管等电热设备,通过热表面加热湿空气,空气温度则会升高,焓值增大,而含湿量不变,这一处理过程的 $\varepsilon=+\infty$。

2.干式冷却过程(A→C)。利用以冷水或其他流体做冷媒的表面式冷却器冷却湿空气,当其表面温度高于湿空气的露点温度而又低于其干球温度时,空气即发生降温、减焓而含湿量不变的干式冷却过程,这一过程的 $\varepsilon=-\infty$。

3.等焓加湿过程(A→E)。利用喷水室对湿空气进行循环喷淋,水滴及其表面饱和空气层的温度将稳定于被处理空气的湿球温度,此时空气经历了降温、含湿量增加而焓值近似不变的过程,因此该过程又称为绝热加湿过程,$\varepsilon=0$。

4.等焓减湿过程(A→D)。利用固体吸湿剂(硅胶、分子筛、氯化钙等)处理空气时,空气中的水蒸气被吸湿剂吸附,含湿量降低,而吸附时放出的凝结热又重新返回到空气中,故吸附前后空气的焓值基本不变,因此,被处理的空气经历的过程是等焓减湿过程,$\varepsilon=0$。

5.等温加湿(A→F)。利用干式蒸气加湿器或电加湿器,将水蒸气直接喷入被处理的空气中,达到对空气加湿的效果。该过程的焓值和空气含湿量增加,而温度基本不变,因此该过程被认为是可实现等温加湿。

6.冷却干燥(A→G)。利用喷水室或表面式冷却器冷却空气,当水滴或换热表面温度低于被处理空气的露点温度时,空气将出现凝结、降温、焓值降低的现象,该过程即冷却干燥过程,$\varepsilon>0$。

二、空气作为冷热源的评价

(一)空气作为冷热源的容量及品位评价

容量是指冷热源在确定时间内能够提供的冷量或热量。空气作为冷热源,其容量随着室外环境温度及被冷却介质的不同而不同。在较为不利的室外环境条件下(取蒸发温度为-5℃,冷凝温度为40℃—45℃),被冷却(加热)介质是空气时,单位时间内,消耗1kW的电能,空气可以提供5—6kW左右的冷热量;被冷却(加热)介质是水时,单位时间内,消耗1kW的电能,空气可以提供6—7kW左右的冷热量(取蒸发温度为5℃,冷凝温度为40℃—

45℃）。因此,空气作为冷热源,其容量较大。

品位是指冷热源的可利用程度,品位越高,利用越容易。以建筑物室内空间舒适温度为基准温度,热源温度与基准温度之差为热源品位,基准温度与冷源温度之差为冷源品位,可用下式表示空气品位:

$$\Delta t_h = t_h - t_{hn} = t_h - 18$$
$$\Delta t_c = t_{cn} - t_c = 26 - t_c$$

式中:Δt_h、Δt_c——空气作为热源、冷源的品位(℃);

　　　t_h、t_c——空气作为热源、冷源的温度(℃);

　　　t_{hn}、t_{cn}——建筑物室内空间的冬、夏季舒适温度。

由上式可知,冬季需要供热的地区,室外空气的温度都是低于18℃的,因此,作为热源,空气是负品位,必须利用品位提升设备(空气源热泵)才能应用。作为冷源,空气的品位随季节不同而不同,过渡季节为零品位或者正品位,可以通过通风技术直接应用。夏季为负品位,需要通过品位提升技术空气源空调才能应用。

(二)空气作为冷热源的可靠性及稳定性评价

可靠性是指冷热源存在的时间,可以分为三类:Ⅰ类任何时间都存在,Ⅱ类在确定的时间存在,Ⅲ类存在的时间不确定。空气、阳光和水是人类生存的基本自然条件,只要人类存在,空气就会存在。因此,空气作为冷热源的可靠性属于Ⅰ类,可靠性极高。

稳定性是指冷热源的容量和品位随时间的变化,可以分为两类:Ⅰ类不随使用时间变化,保持定值;Ⅱ类随使用时间变化。空气作为冷热源的容量不随使用时间而变化,但是品位会随使用时间而变化,且大部分使用时间是负品位,因此,空气作为冷热源的稳定性属于Ⅱ类,较好。

(三)空气作为冷热源的持续性与可再生性及易获得性评价

持续性是指在建筑全寿命周期内,冷热源的容量和品位是否持续满足要求,可以分为两类:Ⅰ类是全寿命周期可满足要求,Ⅱ类是不能保证全寿命周期满足要求。空气作为冷热源,其容量和品位在建筑全寿命周期均可满足要求,因此,持续性好。

可再生性是指冷热源的容量和品位衰竭后,自我恢复的能力。空气一直都存在,且具有流动性,因此,空气作为冷热源的可再生性好。

易获得性是指从冷热源向建筑空间提供冷热量的技术难易程度、设备要求、输送距离等。利用空气作为冷热源,空气即取自建筑物外空气环境,输送距离短,其可利用的技术有通风技术和空气源空调技术,应用设备有通风机及空气源热泵。通风技术主要有自然通风和机械通风。其中机械通风技术较为成熟。自然通风应用历史悠久,在简单的单体建筑中较易应用,而对于复杂的现代建筑或建筑群,尚不能有效地应用。空气源空调技术在气候条件适宜的地区较为成熟,系统简单,年运行时间长。目前研究的热点是进一步提高设备的性能及与建筑的协调性。而在气候条件不适宜的地区,技术尚不完善,尤其是低温运行技术及除霜技术还在研究之中,系统能效比较低。

三、空气作为冷热源应用的条件、范围及方式

(一)空气作为冷热源的应用条件

空气作为建筑冷热资源,最重要的应用条件就是气候条件。直接应用时主要利用空气作为建筑冷资源,需要的气候条件是室外空气温度处于人体热舒适温度范围,其应用时间主要分布在过渡季节及夏季的夜间时段。常规空调条件下人体热舒适范围为18℃—26℃,称为静态热舒适温度范围。同时,研究表明,即使室外气温高于26℃,但只要低于30℃,人在自然通风的状态下仍然感觉到舒适,这就是所谓的动态(非静态)热舒适,则动态热舒适温度范围为18℃—31℃。在我国绝大多数地区,过渡季节室外气温的静态热舒适小时数约占2000—3500h,动态热舒适小时数3000—5800h。对于住宅建筑,室内发热量小,这段时间完全可以通过直接应用室外空气冷资源消除室内负荷,从而改善室内热环境。由此可见,人们实际上可直接利用室外空气冷热资源的舒适小时数非常长。

间接应用空气作为建筑冷资源,需要提升品位的设备,此时的应用气候条件包含两个层次的含义,首先是设备基本运行气候条件,是指在冬、夏季设备能够正常运行的室外环境温度、湿度边界条件。其次是设备节能运行气候条件,是指设备在冬、夏季都能够节能运行的室外环境温度、湿度边界

条件,所谓节能,是指设备运行能效比大于等于3.0。

1.社会条件。空气作为建筑冷热资源,其应用应符合当地的社会文化风俗及生活习惯。建筑的最高境界是达到"天人合一",即与自然环境和谐一致,最大限度地利用自然赋予人类的各种可再生资源,同时对自然环境产生最小的不利影响。空气作为建筑可利用的一种免费的、环保的可再生资源,其应用符合社会可持续发展的要求。同时,人类在长时间的发展中,经历了抵御自然、脱离自然及回归自然的不同阶段,充分认识到了人、建筑、自然环境的和谐才是健康舒适的生存理念和生活方式,空气作为建筑冷热资源,不论其直接应用(通风技术)还是间接应用(热泵技术),都符合人们向往自然的生活习惯。

2.建筑条件。空气作为建筑冷热资源利用时需要的建筑条件也包括两方面含义:一方面是直接应用时的建筑条件,即通风建筑条件,指如何合理利用建筑条件充分实现通风效果。另一方面是间接应用时的建筑条件,指如何在实现利用空气冷热资源后达到设备与建筑的完美协调。

建筑物内的通风尤其是住宅建筑内的通风十分必要,合理的通风不仅会改善建筑内热湿环境,而且会节省建筑运行能耗。通风建筑条件主要是指自然通风所需要的建筑条件,自然通风效果与建筑形体及结构等条件有着密切的关系。而机械通风主要依靠外力进行通风,对建筑没有特殊要求。自然通风根据通风原理的不同可分为风压通风、热压通风及风压和热压相结合通风。通风原理不同,所需要的建筑条件也不同。风压通风是利用建筑迎风面和背风面的压力差实现的通风,通常所说的"穿堂风"就是典型的风压通风应用案例。热压通风是利用建筑内外空气温度差和进出风口高度差形成的空气压差而实现的通风,即通常所说的"烟囱效应",温度差和高度差越大,则热压作用越强。风压和热压综合作用下的自然通风并不是简单的线性叠加,其机理还在探索之中,两者何时相互加强,何时相互削弱目前尚不十分清楚。

空气作为建筑冷热资源间接应用时所需的建筑条件可以从两方面来阐释:首先,设备的安装位置应能保证设备的正常高效运行。其次,设备的安装位置应能达到与建筑整体相协调。设备的安装位置随设备容量不同而不同,房间空调器通常安装在建筑的外墙立面上,单元式空调机一般安装在阳台上或庭院中,而大型空气源空调机组一般安装于建筑的屋顶上。单元式空调机与大型空气源空调机组与建筑的协调性较好,而房间空调器与建筑的协调性矛盾近年来在城市环境中较为突出。

房间空调器的安装位置及安装面的规定:空调器的安装位置应尽量避开自然条件恶劣(如油烟重、风沙大、阳光直射或有高温热源)的地方,尽量安装在维护、检修方便和通风合理的地方。空调器的安装面应坚固结实,具有足够的承载能力。安装面为建筑物的墙壁或屋顶时,必须是实心砖、混凝土或与其强度等效的安装面,其结构、材质应符合建筑规范的有关要求。建筑物预留有空调器安装面时,必须采用足够强度的钢筋混凝土结构件,其承重能力不应低于实际所承载的重量(至少200千克),并应充分考虑空调器安装后的通风、噪声及市容等要求。安装面为木质、空心砖、金属、非金属等结构或安装表面装饰层过厚其强度明显不足时,应采取相应的加固、支撑和减震措施,以防影响空调器的正常运行或出现安全事故。同时,空调器的安装寿命应不低于产品的使用年限。

房间空调器要实现与建筑的协调应从以下几方面着手:首先,把空调器的设计纳入建筑设计之中,由设备工程师按最不利情况估算住户的可能最大空调器容量。其次,统一规划空调器室外机的安装位置及安装条件,由设备工程师和建筑师协作完成,比如,既考虑到室外机的进排风分流、噪声、不长时间受阳光直射、冷凝水集中排放等问题,又考虑到建筑外立面的美观与协调问题。

(二)空气作为冷热源的应用范围

通过上述气候应用条件分析,空气作为建筑冷热资源直接应用时,适用于我国绝大部分地区过渡季节及夜间时段。

空气作为建筑冷热资源间接应用时,其原则性的应用范围即标准规定的应用范围规定是:较适用于夏热冬冷地区的中、小型公共建筑;夏热冬暖地区应用时,应以热负荷选型,不足冷量可由水冷机组提供,意味着在该地区应用时冷量有可能不足;寒冷地区应用时,当冬季运行性能系数低于1.8时,不宜采用。

实际研究及应用中,有学者通过建立风冷热泵数学模型,计算出了在45℃的出水温度时,空气—水热泵机组在我国运行时的干工况和结霜工况的分界线:拉萨—兰州—太原—石家庄—济南,此分界线以北区域空气源热泵运行时,不会结霜,以南区域运行时,机组都存在不同程度的结霜。还有研究通过计算平均结霜除霜损失系数,认为该系数越大,空气源热泵应用越不经济,据此把我国使用空气源热泵的地区分为四类:①低温结霜区——如济南、北京、郑州、西安、兰州等;②轻霜区——如成都、桂林、重庆等;③一般结霜区——如杭州、武汉、上海、南京、南昌等;④重霜区——如长沙。

同时,近年来随着空气源热泵低温适应性技术的不断研究与发展,空气作为建筑冷热资源应用范围北扩的趋势是显而易见的。由于北方寒冷地区的气候特点是冬季供暖时间较长,且温度特别低的持续时间相对较短,空气源热泵要想不依靠辅助热源满足该地区采暖需要,同时还满足夏季供冷需要,要求机组必须在-15℃左右的环境中可靠、高效地运行。根据空气源热泵在北方部分地区的实测来看,在室外环境温度为-15℃时,机组的制热性能系数仍有1.883,空气源热泵可以不依靠辅助热源在中小型办公建筑中应用,在商业建筑中应用时要配置辅助热源,而对于住宅建筑,目前还没有实测结果。

(三)空气作为冷热源的应用方式

空气作为建筑冷热资源的应用方式有直接应用和间接应用。直接应用是指不需要任何品位提升设备而直接把室外空气引入室内,主要利用室外空气的冷量,这类应用方式通常称为通风。通风可以起到降温、除湿及净化建筑内空气的作用。根据是否完全需要外力,通风又分为自然通风、机械通风及机械辅助式自然通风三种利用方式。完全不需要外力,直接把室外新鲜空气引入建筑内称为自然通风;完全依靠外力,把室外空气送入建筑内称为机械通风;部分依靠外力进行的通风称为机械辅助式自然通风。

间接应用是指依靠品位提升设备把室外空气的热量或冷量提升之后转移到建筑内。这类应用方式所依靠的品位提升设备通常是空气源空调机组。根据设备功能不同,可分为空气源单冷空调器、空气源热泵空调器。根据设备容量不同,可分为房间空调器、单元式空调机及中央空调。根据输配系统的介质不同,有冷剂系统(房间空调器、VRV系统)、水系统(空气源热泵冷热水系统)及风系统(空气源热泵全空气系统)。

第五节　雨水、污水回收与再利用

一、雨水收集利用

(一)概述

人类利用雨水的历史悠久,雨水利用已经成为当今世界水资源循环开发的潮流之一。主要的雨水利用方式包括人工降雨、农村雨水收集利用和城市雨水收集利用。以下主要介绍城市雨水收集利用。

历史上,雨水一般多用于农业。城市雨水收集利用在古代也有先例,如南阿拉伯及北非很早就出现了收集雨水用于灌溉、生活及公共卫生设施。我国故宫大殿廊内放置的镏金大铜缸(又名"太平缸")就是古代用来收集雨水用作消防用水的。随着水资源的日益紧缺和城市化进程的加快,雨水利用日益得到人们的重视。雨水由主要用于农村用水拓展到补充城市用水,如绿化、喷洒、冲洗等,雨水收集的场所拓展到路面汇流、屋顶、绿地和停车场等。城市的建筑屋面及非机动车道路雨水污染程度较轻,非常适宜回收再利用。城市建筑屋面及地具有大面积的不透水面,使雨水收集具备了最为有利的条件。可利用屋面及地下现有的雨水排水管,再增加设置相应的雨水贮水池,成为"地下水库",将收集的雨水经简单处理后,即可用于冲厕、绿化等。每平方公里收集10毫米雨水就可以获得10000毫升的水,城市越大、降雨量越丰富,有望收集的雨水就越多,与用生活污水为原水的建筑中水系统相比,利用雨水的中水系统其管道及处理设施均较简单。世界上很多国家都已经开展了城市雨水收集利用的研究和实践,有非常成熟的经验,并已建立了系统的水质评估标准,设计了规范的体系。

雨水水质是限制雨水收集利用的重要因素,城市雨水水质受到大气污染、屋面材料、路面垃圾及城市工业污染等多方面的影响,使得城市雨水并非完全洁净,而是有相当程度的污染。不同城市雨水管道中的雨水水质是不同的,一般来说,雨水的有机物污染物含量接近城市污水处理厂的二级出水,而悬浮物含量则接近于生活污水。屋顶集水系统可收集水质较好的雨水,但由于受屋面沉积物、屋面防水材料的析出物及大气污染的影响,降雨初期的屋面径流污染程度较高,往往需要设置初期雨水弃置装置。对于后期径流可稍加处理或不经处理即可直接用于冲洗厕所、灌溉绿地或用作景观水等。路面雨水径流水质与其所承担的交通密度有关,更具有偶然性和波动性。机动车道的雨水径流污染较重,而非机动车道如广场、人行道、居民小区内道路、停车场等收集的雨水则污染较轻。雨水利用过程中要注意控制雨水径流的污染,必须经过适当处理净化后才能回用。

(二)雨水收集利用系统与技术

城市雨水的利用首先在发达国家逐步进入标准化和产业化阶段。而我国城市雨水利用起步较晚,目前主要在缺水地区有一些局部的、非标准的应用。雨水利用水质标准是保证用水安全及经济合理的水处理流程的基本依据,我国目前没有系统地制定雨水利用水质标准,但可参照相应的用途选用水质标准。

建筑雨水收集利用系统由集流系统、输水系统、截污净化系统、贮存系统以及配水系统等组成。有时还设有渗透设施,并与贮水池溢流管相连,当集雨较多或降雨频繁时,部分雨水可以通过渗透以补充地下水。建筑雨水收集利用系统如下。

1.雨水集流系统。屋顶(面)集流是最常用的雨水收集方式,主要由屋顶集流面、汇流槽、下水道和蓄水池组成。屋顶集流面可利用自然屋面,也可利用专门设计的镀锌铁皮或其他化工材料处理屋面,以提高收集雨水的效果。屋顶集流的另一方式是屋顶花园集水,此时屋顶类型有平屋顶,也有坡屋顶,为确保屋顶花园不漏水和屋顶下水道通畅,可以考虑在屋顶花园的种植区和水体(水池、喷泉等)中增加一道防水和排水措施。

2.输水系统。雨水输水系统是将来自不同区域的降雨径流通过一定的传输设施将雨水收集贮存备用。通常以截流沟与输水沟(渠)将集流面来水汇集起来,导引到蓄水设施。输水沟(渠)的断面形式可采用U形、半圆形、梯形和矩形等。利用屋面作为集流面时,可将输水沟布置在屋顶落水管下的地面上,采用混凝土宽浅式弧形断面渠。利用路面作为集流面时,可利用公路的排水沟作为输水沟。一般径流传输主要采用地下管道传输和地表明沟传输。地表明沟可作为小区风景之一,通常模拟天然水流蜿蜒曲折的轨迹,或构筑特定的造型,有利于美化景观。

3.贮存系统。降雨径流贮存形式多样,最常见的是利用景观水或人工湖等贮水,也可将绿地或花园做成起伏的地形或采用人工湿地等以增加雨水渗入。将雨水的传输贮存与城市景观建设和环境改善融为一体,既能有效利用雨水资源,减少自来水用量和污水处理厂对雨水处理的压力,又能美化城市景观,起到一举三效的作用。

4.雨水径流渗透。在小区建设中,采用雨水渗透的方式也是雨水利用的有效方法,它能促进雨水、地表水、土壤水及地下水"四水"之间的转化,维持城市水循环系统的平衡。雨水渗透设施的主要类型有花坛和绿地渗透、地下渗透沟与管渠、渗透路(地)面和渗透井等。对于新建小区,在高层和平面设计中,应统筹考虑雨水渗透利用。如使道路高于绿地高度,道路径流经过绿地初步净化后进入渗透装置。

5.截污净化系统。雨水净化可在雨水收集过程中进行雨水源头水质控制,或将雨水收到管网末端、贮存池中,再集中净化去除雨水中的污染物。源头水质控制常采用过滤工艺,根据过滤能力的不同可分为分散式和集中式两种。分散式过滤器安装于房屋的每个雨水立管下端,如德国WISY公司研制的金属筛网或立管旋流过滤器,安装在雨水立管上能有效改善水质。集中式过滤器一般体积较大,它将来自不同面积上的径流汇集到一起,然后集中过滤。

雨水集中净化的净化程度取决于雨水利用的目的,一般包括:预处理、二级处理、深度处理和贮存。由于雨水的可生化性较差,一般采用物理处理法。如用于各种清洁用途时，可在压力泵出口处的两个闸门之间安装一个初级过滤器，清除水中的悬浮物即可。而作为锅炉用水回用时，则处理程度较高。

二、建筑中水回用

(一)概述

中水(reclaimed water)是指各种排水经处理后，达到规定的水质标准，可在生活、市政、环境等范围内杂用的非饮用水。建筑中水是指在一栋或几栋建筑物内或小区内建立的中水系统，由原水的收集、储存、处理和中水供给等工程设施组成的有机结合体，是建筑物的功能配套设施之一。建筑中水回用属城市污水回用的一种，是节约水资源、减少排污、防治污染和保护环境的有效途径之一，特别适用于缺水或严重缺水的地区。早在1982年，青岛市就将中水回用于市政及其他杂用用途，以缓解所面临的淡水危机。由于我国水资源分布不均，地区差别大，因此国内对于建筑中水系统的设置没有统一规定，仅个别地区制定了一些中水系统设置的地方性政策和规定。

(二)建筑的中水系统

1.建筑中水的水质要求。建筑排出的全部污水通常称为混合污水，不含工业废水，成分相对简单，可生化性好，但水质随时间变化而发生变化。建筑排水中除冲洗厕所水外，其余的排水一般称为杂排水，其中冷却水、游泳池排水、洗浴排水及洗衣排水等水质较好，称为优质杂排水。选取建筑中水原水水源时，应首先考虑采用优质杂排水，以降低投资与运行费用。建筑中水原水水质和水量是进行建筑中水设计的基础，但一般随建筑类型和用途不同而异，有条件时应尽量实测或参考类似建筑的实际水质、水量来确定，当无实测资料时，可选用设计规范及设计手册中提出来的水质、水量参考值。建筑中水回用的主要用途是杂用水，包括冲厕、清扫、绿化喷洒、洗车和冷却水等。建筑中水回用的水质要求根据用途不同而定，每种用途都有相应的水质要求，多种用途的中水水质标准应按照最高要求确定。

2.建筑中水系统类型及组成。建筑中水系统是介于给水系统与排水系统之间,与建筑给水排水系统既相对独立又密切相关,由原水系统、处理系统和供水系统三部分组成。建筑中水系统的设计应与建筑给排水系统有机结合。建筑中水设计规范推荐原水集水系统采用废、污水分流系统,但当能源紧张、难以分流、污水无处排放及有充裕的处理场地时,也可采用合流系统中水处理站,是建筑中水系统的重要组成部分。单栋建筑内的处理站宜设在建筑物的最底层,小区的中水处理站宜设在中心建筑物的地下室或裙房内,并注意采取防臭、降噪和减震等措施。由于中水的特殊性,中水供水系统必须独立设置,并注意水池(箱)和管件的防腐,采取防止误饮误用和检测控制等措施。中水供水系统主要有变频调速供水、水泵水箱供水和气压供水三种形式。原水来源和集水系统不同,建筑中水系统也有差别,图4-12为以杂排水为原水的分流式建筑中水系统流程图。

图4-12　杂排水为原水的分流式建筑中水系统流程图

为确保建筑中水系统合理稳定运行,应采取水量平衡措施实现中水原水量、中水处理站处理量、中水供应量和中水使用量之间的平衡。水量平衡措施是指通过设置调贮设备使水量适应原水量和用水量的不均匀变化,来满足一天内的原水处理量和用水量的使用要求。常用的水量平衡方式主要有调节池、中水贮存池和自来水补充等。具体的设计计算可参照相关规范及给水排水设计手册进行。

3.建筑中水处理工艺。建筑中水处理工艺的选用要结合国情及地区特点,主要应考虑中水原水水质、中水供应对象及水质要求、污泥处理方法、建筑环境的特点及要求和当地的技术管理水平等,通过比较选定合理的处理工艺。目前中水处理范围多为小区和单独建筑物分散设置,在流程选择上不宜太复杂,工艺选择的基本要求如下:第一,尽量选用定型成套的综合处理设备,以简化设计、紧凑布置、节省占地、提高可靠性、减少投资。第二,为便于管理和维护,对于中小型规模的中水处理站,宜采用既可靠又简便的处理工艺流程,以减少工作人员工作量。第三,中水处理设施一般设在人员较为集中的生活区,为减少臭味、噪声等对周围环境的影响,一般将中水处理站设在地下室、独立的建筑物或采用地埋式处理设备。第四,应根据中水回用要求,尽量选择优质杂排水为原水,以便简化处理工艺流程,减少一次投资,降低处理成本,另外还要考虑处理后的回用水能够充分利用,以避免无效投资。

　　建筑中水处理采用的单元技术有格栅、调节池、生物处理、混凝沉淀、混凝气浮、过滤、膜分离、活性炭吸附和消毒等。当以优质杂排水和杂排水为中水原水时,可采用以物化处理为主的工艺流程,或采用生物处理和物化处理相结合的工艺流程。当以含有粪便污水的排水为中水原水时,宜采用二段生物处理与物化处理相结合的处理工艺流程。

第五章　各类型绿色建筑的设计要点

第一节　绿色住宅建筑设计

一、绿色住宅的概念、特征及标准

(一)绿色住宅的概念

绿色住宅是基于人与自然持续共生原则和资源高效利用原则而设计建造的一种能使住宅内外物质能源系统良性循环,无废、无污、能源实现一定程度自给的新型住宅模式。绿色住宅强调以人为本以及与自然的和谐,追求最小的生态冲突和最佳的资源利用,以节地、节水、节能、改善生态环境、减少环境污染、延长建筑寿命为目标,试图达到社会、经济、自然三者的可持续发展。

(二)绿色住宅的特征

绿色住宅除了具备传统住宅遮风避雨、通风采光等基本功能之外,还要具备协调环境、保护生态的特殊功能。因此,绿色住宅的设计应遵循生态学原理,在规划设计、营建方式、选材用料方面有别于传统住宅的设计,体现出可持续发展的原则。

(三)绿色住宅的标准

根据住房和城乡建设部住宅产业化促进中心有关绿色生态住宅小区的规定,衡量是否为绿色住宅一般有以下几条标准:①在生理生态方面有广泛的开敞性;②采用的是无害、无污、可以自然降解的环保型建筑材料;③按生态经济开放式闭合循环的原理进行无废无污的生态工程设计;④有合理的立体绿化,有利于保护、稳定周边地域的生态;⑤利用清洁能源,降低住宅运转的能耗,提高自养水平;⑥富有生态文化及艺术内涵。

二、绿色住宅的用地规划与节地设计

(一)绿色住宅的用地规划设计

在设计绿色住宅时,应综合考虑用地条件、套型、朝向、间距、绿地、层数与密度、布置方式、群体组合和空间环境等因素,集约化使用土地,突出均好性、多样性和协调性。

1.用地选择和密度控制。绿色住宅的用地应选择无地质灾害、无洪水淹没的安全地段。尽可能利用废地(荒地、坡地、不适宜耕种土地等),减少耕地占用。周边的空气、土壤、水体等确保卫生安全。

2.群体组合、空间布局和环境景观设计。

第一,绿色住宅的规划与设计应综合考虑路网结构、群体组合、公建与住宅布局、绿地系统及空间环境等的内在联系,从而构成一个既完善又相对独立的有机整体。

第二,绿色住宅的规划与设计应合理组织人流、车流,小区内的供电、给排水、燃气、供热、电讯、路灯等管线,还要结合小区道路构架进行地下埋设。配建公共服务设施及与居住人口规模相对应的公共服务活动中心,方便经营、使用和社会化服务。

第三,绿色住宅的绿化景观设计应注重景观和空间的完整性,做到集中与分散结合、观赏与实用结合,环境设计应为邻里交往创造不同层次的空间。

3.地下与半地下空间利用。

第一,地下或半地下空间的利用与地面建筑、人防工程、地下交通、管网及其他地下构筑物应统筹规划、合理安排。

第二,在同一街区内,公共建筑的地下或半地下空间应按规划进行互通设计。

第三,应充分利用地下或半地下空间,做地下或半地下机动停车库(或用作设备用房等),使地下或半地下机动停车位达到整个小区停车位的80%以上。

第四,还要注意一些区域的位置安排,如配建的自行车库,宜采用地下或半地下形式;部分公建(服务、健身娱乐、环卫等),宜利用地下或半地下空间;结合具体的停车数量要求、设备用房特点、机械式停车库、工程地质条件以及成本控制等因素,考虑设置单层或多层地下室。

4.公共服务配套设施控制。

第一,城市新建的绿色住宅应符合国家和地方城市规划行政主管部门的规定,并安排好教育、医疗卫生、文化体育、商业服务、金融邮电、社区服务、市政公用和行政管理等公共服务设施用地,为居民提供必要的公共活动空间。

第二,绿色住宅公共服务设施的配建水平必须与居住人口规模相对应,并与住宅同步规划、同步建设、同时投入使用。

第三,社区中心宜采用综合体的形式进行集中布置,形成中心用地。

5.竖向控制。绿色住宅群体规划要结合地形地貌合理设计,尽可能保留基地形态和原有植被,减少土方工程量。地处山坡或高差较大基地的绿色住宅,可采用垂直等高线等形式合理布局住宅,有效缩小住宅日照间距,提高土地使用效率。

(二)绿色住宅的节地设计

1.适应本地区气候条件。

第一,绿色住宅应具有地方特色和个性、识别性,造型简洁,尺度适宜,色彩明快。

第二,绿色住宅应积极有效地利用太阳能。在配置太阳能热水器设施时,宜采用集中式热水器配置系统。此外,在绿色住宅设计过程中,要同时考虑太阳能集热板与屋面坡度的影响,以有效减少占地面积。

2.单体设计力求规整、经济。

第一,绿色住宅的电梯井道、设备管井、楼梯间等要选择合理尺寸,紧凑布置,不宜凸出住宅主体外墙过大。

第二,绿色住宅设计应选择合理的住宅单元面宽和进深,户均面宽值不宜大于户均面积值的10%。

3.套型功能合理,功能空间紧凑。

第一,绿色住宅套型功能的增量,除了适宜的面积以外,还应包括功能空间的细化和设备的配置质量,从而使其与日益提高的生活质量和现代生活方式相适应。

第二,绿色住宅套型平面应根据建筑的使用性质、功能、工艺要求合理布局。套内功能分区要符合公私分离、动静分离、洁污分离的要求。功能空间关系紧凑,以便得到充分利用。

三、绿色住宅的节能体系设计

(一)建筑构造节能系统设计

1.屋面节能系统设计。

第一,屋面保温和隔热设计。屋面保温可以采用板材、块材或整体现喷聚氨酯保温层。屋面隔热可以采用架空、蓄水、种植等隔热层。

第二,种植屋面设计。绿色住宅应根据地域、建筑环境等条件,选择相适应的屋面构造形式。此外,可以推广屋面绿色生态种植技术,在美化屋面的同时,利用植物遮蔽减少阳光对屋面的直晒。

2.楼地面节能系统设计。不同位置的楼板,应使用不同的节能技术。

第一,层间楼板(底面不接触室外空气)可以采取保温层直接设置在楼板上表面或楼板底面,也可以采取铺设木龙骨(空铺)或无木龙骨的实铺木地板。

第二,架空或外挑楼板(底面接触室外空气),可以采用外保温系统。接触土壤的房屋地面也要做保温。

第三,底层地面要做保温。

3.遮阳系统设计。

第一,利用太阳照射角综合考虑遮阳系数。绿色住宅应根据建筑物朝向及位置、太阳高度角和方位角来确定外遮阳系统的设置角度。应选用木制平开、手动或电动、平移式、铝合金百叶遮阳技术。应选用叶片中夹有聚氨酯隔热材料的手动或电动卷帘。

第二,遮阳方式的选择。低层绿色住宅有条件时可以采用绿化遮阳。高层塔式、主体朝向为东西向的绿色住宅,其主要居住空间的西向外窗、东向外窗应设置活动外遮阳设施。绿色住宅的窗内遮阳应选用具有热反射功能的窗帘和百叶。设计时,应选择透明度较低的白色或者反光表面材质,以降低其自身对室内环境的二次热辐射。绿色住宅内遮阳对改善室内舒适度、美化室内环境及保证室内的私密性均有一定的作用。

(二)给排水节能系统设计

1.小区生活给水加压系统设计。小区生活给水加压系统可以采用三种供水方式:一是水池+水泵变频加压。二是管网叠压+水泵变频加压。三是变频射流辅助加压。为避免用户直接从管网抽水造成管网压力过大波动,有些城市的供水管理部门仅认可"水池+水泵变频加压"和"变频射流辅助加压"两种方式。

2.分区给水系统设计。分区给水系统可以合理控制各用水点处的水压。在设计该系统时,应在满足卫生器具给水配件额定流量要求的条件下取低值,以达到节水节能的目的。需要注意的是,绿色住宅入户管水表前的供水静压力不宜大于0.20MPa,水压大于0.30MPa的入户管应设可调式减压阀。

(三)暖通空调节能系统设计

1.室内热环境和建筑节能设计指标。

第一,冬季采暖室内热环境设计指标,应符合下列要求:卧室、起居室室内设计温度取16℃—18℃;换气次数取1.0次/h;人员经常活动范围内的风速不大于0.4m/s。

第二,夏季空调室内热环境设计指标,应符合下列要求:卧室、起居室室内设计温度取26℃—28℃;换气次数取1.0次/h;人员经常活动范围内的风速不大于0.5m/s。

第三,空调系统的新风量,不应大于20m³/(h·人)。

第四,通过采用增强建筑围护结构保温隔热性能提高采暖、空调设备能效比的节能措施。

第五,在保证相同的室内热环境指标的前提下,与未采取节能措施前相比,绿色住宅的采暖、空调能耗应节约50%。

2.住宅通风系统设计。

第一,住宅通风系统应组织好室内外气流,提高通风换气的有效利用率;应避免厨房、卫生间的污浊空气进入本套住房的居室;应避免厨房、卫生间的排气从室外又进入其他房间。

第二,住宅通风系统应采用自然通风、置换通风相结合的技术,使住户平时换气时采用自然通风,空调季节换气时使用置换通风。

3.住宅采暖、空调系统设计。在城市热网供热范围内,绿色住宅采暖热源应优先采用城市热网,有条件时会采用"电、热、冷联供系统";应积极利用可再生能源,如太阳能、地热能等。需要注意的是,绿色住宅的采暖、空调系统所使用的设备应优先采用符合国家现行标准规定的节能型采暖、空调产品。

4.采暖系统设计。

第一,热媒输配系统设计,在设计绿色住宅的热媒输配系统时,应遵循以下几点要求:①供水及回水干管的环路应均匀布置,各共用立管的负荷应相近;②供水及回水干管应优先设置在地下层空间,当住宅没有地下层时,供水及回水干管可以设置于半通行管沟内;③一对立管可以仅连接每层一个户内系统,也可以连接每层一个以上的户内系统。需要注意的是,同一对立管应连接负荷相近的户内系统;④除了每层设置热媒集配装置连接各户的系统以外,一对共用立管连接的户内系统不宜多于40个;⑤共用立管接于户内系统的分支管上,应设置具有锁闭和调节功能的阀门;⑥共用立管应设置在户外,并与锁闭调节阀门和户用热量表组合设置于可锁封的管井或小室内;⑦户用热量表设置于户内时,锁闭调节阀门和热量显示装置应在户外设置;⑧下分式双管立管的顶点应设集气和排气装置,下部应设泄水装置;⑨氧化铁会对热计量装置的磁性元件造成不利影响,因此管径较小的供水及回水干管、共用立管,有条件的话应采用热镀锌钢管螺纹连接;⑩供回水干管和共用立管至户内系统接点前,不论设置于任何空间,均应采用高效保温材料加强保温。

第二，户内采暖系统设计。在设计绿色住宅的户内采暖系统时，应遵循以下几点要求：①分户热计量的各独立系统应能确保居住者可自主实施分室温度的调节和控制；②双管式和放射双管式系统应在每一组散热器上设置高阻手动调节阀或自力式两通恒温阀；③水平串联单管跨越式系统应在每一组散热器上设置手动三通调节阀或自力式三通恒温阀；④地板辐射供暖系统的主要房间应分别设置分支路。同时，热媒集配装置的每一分支路均应设置调节控制阀门，调节阀采用自动调节和手动调节均可；⑤调节阀是频繁操作的部件，应选用耐用产品，确保能灵活调节和在频繁调节条件下无外漏。

四、绿色住宅的水资源利用体系设计

(一)分质供水系统设计

在设计绿色住宅的分质供水系统时，应根据当地水资源状况，因地制宜制定节水规划方案。按"高质高用、低质低用"原则，通常绿色住宅群设置两套供水系统：一套是生活给水系统和消防给水系统，水源采用市政自来水。另一套是景观、绿化、道路冲洗给水系统，水源采用中水或收集、处理后的雨水。

(二)中水回用系统

建筑面积大于20000平方米的绿色住宅群会设置中水回用站，对收集的生活污水进行深度处理。中水回用常用的处理方法有生物处理法、物理化学处理法、膜分离技术、膜生物反应器技术。

结合相关规定，中水回用系统的设计要点如下：①中水工程设计应根据可用原水的水质、水量和中水用途，进行水量平衡和技术经济分析，从而合理确定中水水源、系统形式、处理工艺和规模；②小区中水水源的选择应依据水量平衡和经济技术比较确定，并优先选择水量充裕稳定、污染物浓度低、水质处理难度小、安全且居民易接受的中水水源。当采用雨水作为中水水源或水源补充时，应有可靠的调贮量和超量溢流排放设施；③建筑中水工程设计应确保使用、维修安全，中水处理应设消毒设施，严禁中水进入生活饮用水系统；④小区的中水处理站应按规划要求独立设置，处理构筑物宜为地下式或封闭式。

(三)雨水利用系统设计

城市雨水利用是一种新型的多目标综合性技术,可以实现节水、水资源涵养与保护、控制城市水土流失和水涝、减少水污染和改善城市生态环境等目标。绿色住宅的雨水利用系统主要有两种形式:一是屋面雨水利用系统。二是小区雨水综合利用系统。通过雨水利用系统收集处理后的雨水,水质应达到国家《城市污水再生利用城市杂用水水质》的要求。[①]

结合相关规定,雨水利用系统的设计要点如下。

1.低成本增加雨水供给。应合理规划地表与屋面雨水径流途径,最大限度地降低地表径流;应采用多种渗透措施,增加雨水的渗透量;应合理设计小区雨水排放设施,将原有单纯排放改为排、收结合的新型体系。

2.选择简单实用、自动化程度高的低成本雨水处理工艺。一般情况下应采用以下工艺:小区雨水—初期径流弃流—贮水池沉淀—粗过滤—膜过滤—紫外线消毒—雨水清水池。

3.提高雨水使用效率。以设有景观水池的绿色住宅群为例,其应采用循序给水方式,即绿化及道路冲洗给水由景观水提供,消耗的景观水再由处理后的雨水供给。

第二节　绿色办公建筑设计

一、绿色办公建筑的使用特点

研究推广办公建筑的绿色生态技术,应首先明确办公建筑的自身特点以及在使用功能上有什么具体要求,以便针对其特点给出相应的设计策略。办公建筑是除住宅建筑之外的另一大类建筑。人们在住宅建筑中满足生活的基本要求,在办公建筑中谋生并实现自己的社会价值、满足自己的精神需求。生

①张小侠,隋旭红,袁喆. 城市雨水利用技术研究[J]. 北京水务,2013(A01):4.

活和工作是人生的两大重要内容,由此可见办公建筑是非常重要的。

虽然办公建筑有着共同的空间和平面特征,但根据使用性质、功能要求、投资渠道、建设规模和建筑高度的不同大致分为政府办公建筑、科研办公建筑、教育办公建筑、企业办公建筑、金融办公建筑、租赁办公建筑、公寓办公建筑和多功能办公建筑等类型。归纳起来,办公建筑具有以下特点。

(一)空间的规律性

不管是小空间的办公模式,还是大空间的办公模式,其空间模式基本上都是由基本单元组成的。基本单元重复排列,相互渗透,相互交融,有机联系,使工作交流顺畅。总之,办公建筑的空间要适于个人操作与团队协作。

(二)立面的统一性

空间的重复排列自然导致办公建筑立面造型上的单元重复及韵律感。办公建筑的空间对于自然光线和通风有着高质量的需求,使得办公建筑立面必然会有大量有规律的外窗,其围护结构必然会暴露在自然中和自然亲密接触,而不是与自然隔绝。

(三)耗能大且集中

现代办公建筑的使用特征是使用人员比较密集、使用人群比较稳定、使用时间比较规律。这三种特征必然导致"工作时间"的能耗较大。有关统计资料表明,办公建筑全年使用时间约为200—250天,每天工作时间为8小时,设备全年运行时间为1600—2000小时。

二、绿色办公建筑的设计要点

绿色办公建筑设计目前还没有现成的公式可以套用,不能把生态当作插件插入建筑设计,也不应把绿色当作一种标签。好的绿色办公建筑设计,需要建筑设计师以现代绿色生态的理念,利用办公建筑的使用特点,有效地将生态环保融入设计之中。

具体而言,绿色办公建筑的设计要点可以概括为以下五点内容:①减少能源、资源、材料的消耗,将被动式设计融入建筑设计,尽可能利用可再生能源(如太阳能、风能、地热能等),以减少对于传统能源的消耗,减少碳排放;

②改善围护结构的热工性能,以创造相对可控的舒适室内环境,减少能量的损失;③合理巧妙地利用自然因素(如场地、朝向、风及雨水等),营造健康、生态适宜的室内外环境;④采取各种有效技术措施,提高办公建筑的能源利用效率;⑤减少不可再生或不可循环资源和材料的消耗。

总的来说,办公建筑为人类办公活动而建,人群是室内环境的主要影响者。办公建筑有潜在的高使用率,人体散热和机器散热这两部分内在热辐射不容忽视。实践证明,这两部分热量加上日照辐射热、地热及建筑物的高密闭性,可以为办公建筑提供充足的热量。当然,密封良好的建筑一般都应有较好的通风系统,室内通风不良不仅会危及建筑结构,而且对人的健康危害很大。为了保证低能耗,办公建筑要控制通风量,但每小时每立方的室内应至少有40%的新风量。在夏季,办公建筑室内产生的热量加上太阳辐射量吸收,会使房间内的温度过高。因此,办公建筑在夏季要做好遮阳措施,避免吸收额外的太阳热量。

热回收利用建筑通风换气中的进、排风之间的空气差,可以达到能量回收的目的,这部分能量往往占30%以上。如果太阳能光电、光热系统可以与墙体、屋面结合起来,既能够提供建筑本身所需电能和热能,又可以减少占地面积。

第三节　绿色商业建筑设计

一、绿色商业建筑的规划和环境设计

商业建筑现今已经成为除住宅建筑以外,最引人注目的、对城市活力和景观影响最大的建筑类型。综合性是现代商业建筑的发展趋势。随着社会的发展、科学技术的进步,建筑设计师设计商业建筑的方式不断改变。而且,不同的策划定位、商业特色和地方人文都会影响商业建筑的样式和功能。这就需要人们以绿色的建筑理念,不断改进商业建筑的样式和功能,打造更加符合商业需求的最佳策划方案和设计作品,让投资者和消费者感受到持续的价值,让商户享受到持续经营的优越组合空间,让客户感受到购物消费的愉悦。

下面简要介绍绿色商业建筑的规划和环境设计。

(一)绿色商业建筑的规划

在绿色商业建筑的前期规划中,首先要进行深入细致的调查研究,寻求所在区位内缺失的商业内容,将此作为自身产业定位的参考。在选择绿色商业建筑地块时,应当优先考虑基地的环境,包括物流运输的可达性,交通基础设施、市政管网、电信网络等基础设施是否齐全,以减少规划初期的建设成本,避免重复建设而造成浪费。

在绿色商业建筑的场地规划中,要根据实际合理利用地形条件,尽量不破坏原有的地形地貌,避免对原有自然环境产生不利影响,降低人力、物力和财力的消耗,减少废土和废水等污染物。要充分利用现有的交通资源,如在靠近公共交通节点的人流方向设置独立出入口,必要时可以与之连接,以增加消费者接触绿色商业建筑的机会与时间,方便消费者购物。

我国大多数城市中心区经过长期的经营和发展,各方面的条件都比较完备,基础设施比较齐全,消费者的认知程度较高,逐渐形成了比较繁华的商圈。这些繁华的商圈不仅被当地居民经常光顾,而且使得外来旅游者慕名前来消费。成功的商圈有利于新建商业建筑快速被人们所熟悉,分享整个商圈的客流。著名的商业建筑也同样可以提升商圈的知名度,增添新的吸引力。鉴于此,在建设绿色商业建筑时,应使各种商业设施在商品档次、种类、商业业态上有所区别,避免出现不正当争夺消费者的现象,从而影响经济效益,造成资源的浪费。国内外著名商圈的建设经验表明,若干大型商业设施应集中在一定商圈内,以便相互利用客源,但各商业设施之间也要保持适度的距离,因为过分集中将会造成人流局部拥挤,使消费者产生"回避拥挤"的心理。

(二)绿色商业建筑的环境设计

商业建筑是人们用来进行商品交换和商品交流的公共空间环境,是现代城市的重要组成部分,也是展示现代城市商业文化、城市风貌与特色的重要场所。创造商业环境的美好形象,创造经济效益并产生社会影响,吸引顾客的注意力,激发顾客的消费欲望并使其产生购买商品的意愿,进而付诸实施,是商业建筑内外环境最重要的设计任务。商业环境的装饰和布置就是达到这个目标极为关键和有效的手段。研究表明,商业环境的装饰和布置能够创造具有魅力的美好形象,帮助商家推销商品,提高本商业环境内工作人员的效率,显著增强本商业环境内企业的竞争力。商业建筑内外环境艺术设计的一个重要出发点,就是要最直接、最鲜明地体现商业营销环境的作用和效果,采用各种装饰手段,既为市民和顾客提供一个称心如意的良好购物环境,也为商业环境内的工作人员提供舒适方便的售货场地。

理想的绿色商业建筑的环境设计,可以给消费者提供舒适的室外休闲环境,环境中的树木绿化还可以起到阻风、遮阳、导风、调节温湿度等作用。在绿色商业建筑的环境设计中,绿化应多采用本土植物,尽量保持原生植被。在植物的配置上,应注意乔木、灌木相结合,不同的植物种类相结合,达到四季有景的绿化美化效果。此外,良好的水生环境不仅可以吸引购物的人流,还可以很好地调节室内外热环境,并有效降低建筑能耗。例如,有的商业建筑在广场上设置了一些水池或喷泉,以达到较好的景观效果。但这种设计形式不宜过多过大,设计时应充分考虑当地的气候和人的行为心理特征。而且,水循环设计要求商业建筑的场地要有涵养水分的能力。

绿色商业建筑环境设计的一个新趋势就是建筑内外环境在功能上的综合化,即把购物、餐饮、交往、办公、娱乐、交通等功能综合组成一个中心群体。当前,我国大部分城市的大中商场和市场、商业街和步行商业街、购物中心和商业广场、商业综合体等四类商业建筑都具有这种特点。而绿色商业建筑功能的综合化是适应现代消费需求和生活方式的体现,带来了空间的多样化,增加了欢快的购物气氛。

二、绿色商业建筑设计

商业建筑的设计目的是让建筑项目产生良好的、持久的经济效益,如果建筑设计师按照自己的思路闭门造车,那么辛苦设计的建筑项目就可能没有效益,从而浪费大量的社会资源。因此,好的商业建筑设计应是一件被消费者最终接受和持续使用的建筑产品。在此过程中,坚持绿色化建筑设计是关键。

(一)绿色商业建筑的平面设计

绿色商业建筑与其他建筑一样,其建筑朝向的选择与节能效果密切相关。在一般情况下,建筑的南向有充足的光照,绿色商业建筑选择坐北朝南,有利于建筑采光和吸收更多的热量。这样一来,在寒冷的冬季,绿色商业建筑接收的太阳辐射可以抵消建筑外表面向室外散失的热量。在炎热的夏天,绿色商业建筑南向的外表面积过大,会导致建筑得热过多,从而加重空调系统的负担。因此,在绿色商业建筑的平面设计中,可以采用遮阳等措施来解决两者之间的矛盾。

在对绿色商业建筑进行平面设计时,应统一协调考虑低能耗、热环境、自然通风、人体舒适度等因素与功能分区,如将占有较大面积的功能空间设置在建筑的端部,并设置独立的出入口,同时几个核心功能区间隔分布,中间以小空间连接,从而缓解大空间的人流压力。

此外,绿色商业建筑要区分人流和物流,并细化人流的种类,使各种流线尽量做到不交叉,同时流线不出现遗漏和重复,努力提高运作效率,防止人流过分集中或过分分散引起的能耗利用不均衡。同时,绿色商业建筑的辅助空间(如车房、卫生间、设备间等)对热舒适度的要求较低,可以将其设置在建筑的西面或西北面,作为室外环境与室内主要功能空间的热缓冲区,以降低夏季西晒与冬季冷风侵入对室内热舒适度的影响。这样一来,就可以将采光良好的南向、东向留给绿色商业建筑的主要功能空间。

(二)绿色商业建筑的造型设计

美观大气的商业建筑外观造型设计能为公众提供舒适、宜人的视觉感受,是一种人性化设计的体现,从而唤起消费者的购买欲望。因此,在设计绿色商业建筑的造型时,应掌握以下基本原则。

1.商业性原则。包装设计在商品竞争中的作用极为重要。包装能刺激顾客的视觉,引起顾客的注意,激发其消费欲望。包装还可以使单纯的技术产品附带上文化的属性,并携带着设计者个人的艺术倾向,充满人情味,满足人们对艺术的潜在追求。建筑也是一种商品,可以通过吸引顾客的注意力引发其消费冲动,实现价值交换。商业社会重要的包装意识和包装手法也同样渗入了建筑领域,流行的建材和建筑式样会被建筑设计师包装进自己的作品里,成为塑造建筑形象、获取大众认可的重要手段。因此,在设计绿色商业建筑的造型时应掌握商业性原则。

2.整体性原则。商业建筑的外立面造型设计不是孤立存在的,它位于具体的城市区域,必然与所在区域的城市环境相结合,与城市外部空间环境、交通体系有良好的衔接,可以体现地域文化、城市文脉和自然因素的特点,与周边建筑环境和区域相统一,并且符合商业建筑的性格特征、功能组织和建造方式。因此,绿色商业建筑的外观造型要想摆脱封闭的形象,就要与城市空间有交流,与周边建筑环境相协调。

3.人性化原则。绿色商业建筑具有人文内涵,基础是贯彻以人为本的人性化设计,一切从人的需要出发。无论是物质的还是精神的,表层的还是深层的,都要满足消费者的各种需求,提供人性化的服务。[①]下面通过商业建筑中最常见的形象墙、橱窗与广告牌介绍绿色商业建筑的人性化设计原则。

第一,形象墙对吸引顾客有非常重要的作用,有利于商业店铺的广告宣传。在设计绿色商业建筑时,既要注意标志物的规格、材料、色彩、安装位置等,又要注意与建筑造型的协调问题,避免失去平衡。

第二,橱窗与广告牌是一种能够从远距离识别的标志物,是商业建筑重要的特征,有很好的展示宣传功能,对人们有很好的识别性和导向性。在设计绿色商业建筑时应科学分类,有目的进行选择,确定展示主题,并经过巧妙构思对商品进行精心布置,结合合理的照明设计、色彩配置和橱窗材质的选择,以达到富有装饰性和整体美感的审美效果,同时引起顾客的美好联想,激发顾客的购买欲,促进商品的销售。

(三)绿色商业建筑的中庭设计

商业建筑的中庭顶部一般都设有天窗或是采用透光材质的屋顶,可以引入室外的自然光,减少人工照明的能耗。夏天,可以利用"烟囱效应"将室内

---

①谢伟棠.人性化设计在建筑设计中的应用[J].门窗,2023(8):85—87.

有害气体及多余的热量集中,统一排出室外。冬天,可以利用"温室效应"将热量留在室内,提高室内的温度。对此,绿色商业建筑中庭高大的空间可以为室内绿化提供有利条件。具体而言,合理配置中庭内的植物,可以调节中庭内的湿度,如有些植物具有吸收有害气体和杀菌除尘的作用。另外利用落叶植物不同季节的形态,还能达到调节进入室内太阳辐射量的作用。

(四)绿色商业建筑地下空间利用

城市中的商业建筑处于繁华的中心地带,建筑用地可谓寸土寸金,建筑设计师要充分发挥有限土地的最大效益,尽量实现土地的立体式开发。随着全国机动车数量的快速增加,购物过程中的停车问题成为影响消费者购物心情和便捷程度的重要因素。国内外的实践证明,发展地下停车库是解决以上问题的最好方法。于是,很多城市的商业建筑利用地下浅层空间来发展餐饮、娱乐,而将地下车库布置在更深层的空间。这样一来,在获得良好经济效益的同时,也实现了节约用地的目标。

在有条件的情况下,可以将地下空间与地铁等地下公共交通进行连接,借助公共交通的便利资源,减轻搭乘机动车购物时给城市交通带来的压力,达到低碳减排的环境保护目的。

第四节　绿色医院建筑设计

一、绿色医院概述

国内学者在1997年就医院的发展方向提出了"绿色医院"的说法,但那主要是就医院建成之后与人的关系进行的讨论,没有涉及医院建筑在其整个寿命周期内对环境的影响。"绿色医院"的概念在最近几年才在我国流行开来。随着人们对绿色建筑认识的不断加深,人们对绿色医院也有了更加立体、更加深刻的认识。

(一)绿色医院的基本内涵

绿色医院既包括绿色建筑、绿色医疗、绿色管理,也包括整个医院的规划、设计、建造过程等硬环境的建设,以及医疗技术手段、医患关系、医院管理等软环境的建设,跨越了医院全生命周期。

国内外建设绿色医院的实践证明,绿色医院是一个发展的概念,其内涵涉及绿色建筑思想与医院建筑设计的具体实践,其内容十分广泛而复杂。绿色医院不同于其他类型的建筑,其是功能要求复杂、技术要求较高的建筑类型。特别是绿色医院的内涵具有复杂与多义的特征,只有全面正确地理解其内涵,才能在建设过程中贯彻绿色理念,使其具有可持续发展的生命力。

(二)绿色医院的设计原则

现代化绿色建筑的设计一般从建筑全寿命周期出发,考虑建筑对环境的影响。具体而言,要想设计一个合理的绿色医院,需要遵循以下原则。

1.保护接触人员的健康。医院的室内空气对医院的患者、医务人员、探视者和访客等都有着重要的影响。例如,良好的医院环境可以帮助患者更快地恢复,减少住院的时间,减轻患者的负担,也可以增加医院病床的使用次数,提高医院的接待能力,还可以提高医务人员的工作效率。因此,设计绿色医院的基本原则之一是创造良好的环境,保护接触人员的健康。

2.保护周围社区的健康。相比普通的居住建筑,医院建筑对环境的影响更大,主要体现在医院的单位能耗水平更高。此外,医疗过程中产生的医疗废弃物很多是有毒的化学制品,对周围社区有着巨大的影响。因此,在设计绿色医院时,要坚持保护周围社区健康的基本原则。

3.节约自然资源。在有限的物质资源条件下,建筑设计师在设计绿色医院时,必须坚持节约自然资源的基本原则。这一原则主要是对绿色医院功能和使用方面提出了要求,它的基本思想是通过建筑设计充分利用各种资源,寻求自然、建筑和人三者之间的和谐统一,即在人和自然相协调的基础上,利用自然条件和人工手段来创造一个有利于人们健康、舒适的生活环境,同时控制对自然资源的使用,实现向自然索取与回报之间的平衡。

4.因地制宜进行设计。绿色医院的设计应充分结合当地的气候特点和地域条件,最大限度地利用自然采光、自然通风、被动式集热和制冷,从而减少因采光、通风、供暖、空调所导致的能耗和污染。例如,在北方寒冷地区,绿色医院的设计应该在建筑保温材料上多投入。而在南方炎热地区,绿色医院的设计应该考虑遮阳板的方位和角度,以降低太阳辐射和眩光的负面影响。

二、绿色医院的设计要点

医院作为保障人民生命健康的前沿阵地,应在节能减排、控制污染、保护环境方面走在前列。现代医院建筑已不再是简单生硬的问诊、治疗空间,人们对其有着更高的要求,采用正确的绿色医院建筑设计策略,将是医院建筑未来的发展趋势。其中,"绿色"应体现在医院建筑总体规划、设计、布局、安全保障以及建筑中的绿色建材设施设备和节能环保技术产品的使用上。绿色医院与普通医院建筑的区别在于,要注重环保功能,同时在设计时要考虑安全性、可靠性。对待医生、病人这种特殊的群体,建筑的功能也应具有特殊性,环保的要求更高,对废弃物以及水处理的要求更为严格。

(一)可持续发展的总体策划

随着我国医疗体制的更新和医疗技术的不断进步,医院的功能日趋完善,医院的建设标准逐步提高,主要体现在新功能科室增多、病人对医疗条件要求提高、新型医疗设备不断涌现、就医环境和工作环境改善等方面。绿色医院建筑可持续发展的总体策划主要体现在规模定位与发展规划、功能布局与长期发展、节约资源与降低能耗等方面。

(二)合理的功能区设置

在设计绿色医院时,首先要注重其功能性,保证绿色医院既能够满足复杂的医疗工艺要求,以最简洁的人流、物流流线,使绿色医院的医疗功能得到迅速有效的发挥,提高医疗资源、医疗设备的使用率,并营造一个舒适有效的空间。例如,门诊大厅的设计必须保证宽敞明亮,走廊通道必须方便、快捷和通畅。不同的功能区域之间可以用不同的颜色进行区分。此外,病房区域要避免过长的走廊,区域布局要确保没有死角,从而避免给病人和医护人员增加不必要的障碍。

(三)用地规划的可持续性

绿色医院的用地规划应符合可持续发展理念。在设计初期,建筑设计师应准确理解院方的发展要求。如果院方对目前医院的规划是规模扩张,那么建筑设计师应在医院整体规划设计的基础上,为各个功能区的扩建留有建设空间,因为医院的功能区具有相对的规律性。如果院方想按照医院自身的特色科室建立多个特色医学中心,那么建筑设计师就要根据这些科室的特性来进行量身设计。

此外,医院的可持续发展还体现在以下两个方面。首先,为绿色医院未来的发展预留空地。绿色医院发展的特殊性有别于其他类型的建筑物,一旦绿色医院规模扩大,就意味着其内部的功能区也在扩大。因此,绿色医院的规划设计不能简单地预留一点空地去满足接下来的发展需求,而应根据各个功能区来预留建设空间。其次,绿色医院的预留空间有一定的弹性。随着医疗技术的进步和医疗设备的更新,绿色医院内部也会对科室进行一定的调整,因此在预留空间时要保持一定的弹性。

(四)能源使用的节约性

由于医院自身的特殊性,绿色医院对于建筑建设过程中各种资源、能源的使用不仅要遵循可持续发展的理念,还要节约能源。这里以绿色医院空调系统的设计为例介绍绿色医院能源使用的节约性。就现实情况来说,为了防止医院内部的交叉感染,提升医院内部空气的质量,满足医院各个功能区的需求,医院内部的空调系统必须长时间运行。这样一来,医院空调系统消耗的水、空气等能源极大,通常可以占到医院总体能耗的50%左右。因此,在设计绿色医院时,应该根据不同功能分区的工况条件来选用不同的机电设备系统,设定不同的设计标准和设计参数,以节约能源。

(五)绿色建材的使用

绿色建材是指采用清洁无污染生产技术,不用或者少用天然资源,大量使用城市固态废弃物生产的无毒、无污染的,有利于环境保护和人体健康的建筑材料。绿色医院必须积极使用绿色建材,从而在保障医院服务质量的同时,有效地减少废弃物排放和降低医疗费用。绿色建材的使用不仅良好地契合了国家的可持续发展理念,还为医院提供了一个绿色、环保的室内环境,这对患者的安全健康有着至关重要的影响。

参考文献

[1]郭晋生.绿色建筑设计导论[M].北京:中国建筑工业出版社,2019.

[2]姜立婷.现代绿色建筑设计与城乡建设[M].延吉:延边大学出版社,2020.

[3]康忠山,梁亮.绿色建筑设计与建设[M].西安:西北工业大学出版社,2018.

[4]罗珊珊,陈慧,邢祥银.建筑设计与风景园林设计基础[M].长春:吉林科学技术出版社,2023.

[5]任庆英.绿色建筑设计导则[M].北京:中国建筑工业出版社,2021.

[6]史瑞英.新时期绿色建筑设计研究[M].咸阳:西北农林科学技术大学出版社,2020.

[7]田杰芳.绿色建筑与绿色施工[M].北京:清华大学出版社,2020.

[8]王婷婷.绿色建筑设计理论与方法研究[M].北京:九州出版社,2020.

[9]易嘉.绿色建筑节能设计研究与工程实践[M].哈尔滨:哈尔滨出版社,2023.

[10]俞文斌.现代绿色建筑设计原理与技术探究[M].长春:吉林美术出版社,2019.

[11]展海强,白建国.可持续发展理念下的绿色建筑设计与既有建筑改造[M].北京:中国书籍出版社,2022.

[12]张丽丽,莫妮娜,李彦儒.绿色建筑设计[M].重庆:重庆大学出版社,2022.